Venomous

How Earth's Deadliest Creatures Mastered Biochemistry

从致命武器到救命解药，
看地球致命毒物如何成为生化大师

［美］克丽丝蒂 · 威尔科克斯 ———————— 著

阳曦 ————————— 译

北京联合出版公司 · 后浪
Beijing United Publishing Co.,Ltd.

警告：我郑重警告本书读者，若未接受专门训练，请勿接近、试图捕捉或触摸本书中提及的任何有毒生物，被这些生物螫咬可能带来极大的风险。此外，利用蛇毒或其他有毒生物进行自我免疫（SI）可能危及您的生命。

献给那些关心、在意世界上所有生物的人，
无论它们是毛茸茸的还是毒牙嶙峋，滑溜溜的还是浑身鳞片，
威严庄重还是深受误解。

目　录

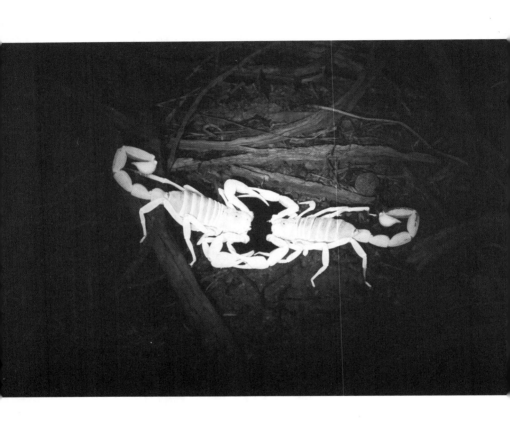

前　言

那时候，人类还没有铸造出铁剑，最初的文字尚未诞生；那时候，人类刚刚结束了游牧生活，在定居的营地里为最初的文明打下根基；那时候，基督和佛陀还没有出生，毕达哥拉斯和阿基米德尚不存在——就在那时候，居住在如今土耳其境内的人们修建了一座庙宇，也就是今天我们所说的"哥贝克力石阵"（Göbekli Tepe）。在土耳其语里，这个词的意思是"大肚子山"，它是地球上已知最古老的宗教遗址。直到今天，我们仍能看到数十根巨大的石灰岩柱屹立在那里。1万多年前，虔诚的信徒靠赤裸的双手将这些石柱运到这里竖立起来，他们没有任何可供驱使的役畜，甚至连轮子都没有。不过你会发现，这些神圣石柱上雕刻的既不是天使也不是魔鬼，取而代之的是，古代的艺术家决定用自己最珍视的东西来装饰圣庙：与日常生活息息相关的动物，包括毒蛇、蜘蛛和蝎子。

毫无疑问，有毒动物与人类的关系悠久而深远，精彩纷呈。在我们的生活中，它们无处不在：对某些有毒动物的恐惧深植于人类的本能之中，哪怕刚刚诞生的婴儿也不能幸免；它们恐怖的形象鲜活地存在于各个部族和文明的神话传说里；从有文字记录的历史以来，它们早已被人类织入了文化的经纬之中。从某种程度上说，本书是我奉献给这些古老神祇的祭礼，是为它们恐怖的力量和不可思议的科学潜力谱写的一曲颂歌。

从记事起我就迷上了有毒生物。小时候我住在夏威夷的凯卢阿，离家不远的海滩上经常会出现一堆蓝色的泡泡，那是被海浪冲上岸的僧帽水母（Portuguese man-of-war）。它们看起来那么漂亮，那么脆弱，我情不自禁地用手边任何能找到的东西去戳它们半透明的蓝色身体。僧帽水母的螫刺给我留下了刻骨铭心的记忆，但我的热情并未因此而减退，哪怕螫刺带来的疼痛让我明白了它们的危险。随着时间的流逝，我变得越发执着。后来我家搬到了佛蒙特州，看到我从后院捉来的蛇，我妈差点儿晕过去。上大学的第一年，我迷上了大家为无脊椎动物学实验室抓回来的仙后水母（upside-down jellyfish）。整整四个小时，我一直不知疲惫地轻轻拍打水母，看着它在玻璃缸里载沉载浮。我无法抑制触摸它的欲望，哪怕水母温和的毒素让我的手指开始变得有些僵硬，最后彻底麻木。直到今天，路过水族馆触摸池的时候，我也总是忍不住要伸手去摸海葵（anemone）的触手，感觉它用鱼叉般的棘刺徒劳地攻击我的手指，却无法刺穿皮肤上厚厚的角质层。我可以花好几个小时轻抚魟鱼（stingray）光滑的双翼，我甚至决定将有毒的蓑鲉（lionfish）作为博士论文的主题——我的导师觉得这很好玩。"我们刚刚做完研究热带海鳗（moray eel）的项目，"他的眼睛里闪烁着淘气的光芒，"只有三个人被咬。你的项目又会怎么样呢？我简直迫不及待。"

回望过去，我很高兴自己选择了毒素作为研究主题，这个领域里的同行是这个世界上心态最开放、最可爱、最有激情的人（不过这里面或许有我的一点儿偏见）。根据我的经验，研究毒素的科学家可以分为两种。第一种我们不妨称之为"实验室小鼠"，他们感兴趣的不是有毒动物本身，而是那些有毒分泌物的复杂分子。格伦·金（Glenn King）是澳大利亚昆士兰大学的化学及结构生物学教授，他领导的科研项目正在努力寻找能入药的动物毒素；作为一位训练有素的核磁共振（NMR）结构生物学家，他之所以会进入这个领域，完全是因为一位同事请他帮忙确定一种毒素的结构。现在，他在毒素生物勘探的前线奋战，努力将有害的毒素转化为治病救人的化合物。肯·温克尔（Ken Winkel）曾是墨尔本大学澳洲毒素研究中心（Australian Venom Research Unit）的负责人，他坦率地承认，自己不是什么"蛇类爱好者"。肯开始研究毒素几乎出于偶然，他最初感兴趣的领域是药物免疫学。和这两位一样，美国犹他大学的巴尔多梅罗（托托）·奥利韦拉 [Baldomero（Toto）Olivera] 钻研的主题是神经元和瘫痪，而芋螺（cone snail）的毒素只不过恰好能产生这种效果。

第二种自然就是布赖恩·弗里（Bryan Fry）式的人物了。呃，当然，世界上只有一个布赖恩·弗里。昆士兰大学毒素演化实验室的这位负责人相当有个性，《美国国家地理》杂志说他是"一位天马行空的肾上腺素瘾君子"；在我心目中，他是毒素科学家里的"坏男孩"。布赖恩可不是那种能够冷眼看着别人独占所有乐趣的人，他走遍世界，捕捉各种各样的有毒动物，提取它们的毒素，然后用一整套现代工具从一切可能的角度研究这些东西。鉴于布赖恩的努力，他一共被26条毒蛇咬过，骨折过23次，还感受过3条魟鱼、2条蜈蚣和1只蝎子的螫刺。当我追问他被多少昆虫咬过的时候，他大笑起来。"难道蜜蜂也能算数？那你要不要数数我遇到过多少见鬼的红火蚁（fire ant）？"

布赖恩坦率而直接，甚至近乎冒犯。他是一位了不起的科学家，也是世界首屈一指的毒素专家。我和他已相交多年，刚认识他的时候，我还是一名年轻的研究生，正开始研究有毒的鼷鼱。我去澳大利亚近距离观察鸭嘴兽（platypus）的时候，顺道前往昆士兰大学拜访了他的实验室，我们在学校里的红房子酒吧一起喝了杯啤酒。我发现，尽管我们一直在聊各种各样的技术性话题，但我却从未认真问过他，是什么促使他开始研究有毒动物的。

"这是我一直以来的夙愿。"他说。布赖恩很快就承认，他研究毒素的动力来自对动物的热爱。他在自己的网站上公开坦承，尽管他的研究在药学领域意义重大，"但这不过是个高尚的借口，好让我有机会摆弄这些了不起的生物"。早在4岁的时候，布赖恩就骄傲地宣称，自己以后一定要找一份跟毒蛇打交道的工作——他是认真的。从那以后，布赖恩的兴趣不断拓展：他的研究对象包括海葵、蜈蚣、昆虫、鱼、蛙、蜥蜴、水母、章鱼、火蜥蜴、蜂猴（slow loris）、蝎子、蜘蛛等，甚至有毒的鲨鱼。不过，尽管他开始研究毒素是出于对这些动物的兴趣，但毒素本身却不断激发出他的好奇心。用他的话来说，现在毒素最吸引他的地方在于，"它到底能让你感受到多少种晕头转向的感觉"。

和布赖恩这样的科学家一样，我之所以会研究毒素也是出于对动物的热爱。不过，对这些动物制造出来的错综复杂的"化学鸡尾酒"了解得越多，毒素本身就越令我着迷，我也愈加迷恋这些危险而致命的物种。哪怕从最乐观的角度来看，我对有毒动物的这份痴迷也必将带来一段痛苦的学习体验，但任何有价值的东西都必然伴随着风险。这些动物将引领我们了解生态系统和各物种之间的互动，它们制造的毒素能让我们进一步了解自己的身体，通过这些动物，我们得以探寻最基本的演化过程，这些知识都是无价之宝。为了一窥这些动物藏在基因里的秘密并将它们分享给全世界，我甘愿承担出入几次急诊室的风险。我走遍全球，近距离接触过各种各样的有毒动物，不过迄今为止，我仍毫发无损。

好吧，除了被猴子咬的那次……不过那次只不过打了8针免疫球蛋白和4针狂犬病疫苗。然后还有被海胆蛰的那次……

Chapter 1

生理学大师

Masters
of
Physiology

毒素的出现绝非偶然，毒药才有可能。[1]

——罗杰·卡拉斯（Roger Caras）

如果你打算数一数这颗星球上最不可思议的动物，那么最先出现在你脑海里的很可能是鸭嘴兽。鸭嘴兽如此特别，就连伟大的博物学家乔治·肖（George Shaw，他于1799年首次以科学的方式描述了这种动物）也很难相信它竟然是真实存在的。"一定程度的怀疑主义不仅可以原谅，而且值得赞赏。"他在自己的著作《博物学家文集》（*Naturalist's Miscellany*）第十卷中写道："我或许应该承认，我几乎不敢相信自己的眼睛。"[2]我十分理解他的感受。当我坐在位于澳大利亚墨尔本的龙柏考拉保护区（Lone Pine Koala Sanctuary）里，直愣愣地望着那头巨大的雄性鸭嘴兽时，我完全不敢相信眼前的生物是真实的。尽管它就在我眼前，我仍觉得它像个精巧绝伦的木偶、吉姆·亨森（Jim Henson）[1]的杰作。

丽贝卡·贝恩（Rebecca Bain，大家都叫她"小贝"）是龙柏考拉保护区的哺乳动物饲养组组长，保护区里的两头雄性鸭嘴兽都归她的团队照顾。小贝好心地把我放进了动物生活区，这极大地满足了我对这种动物的好奇心。小贝费劲地把年纪较大的那头雄性鸭嘴兽从窝里弄了出来，看着它海狸似的尾巴、鸭子一样的喙，还有水獭似的脚，我惊讶不已。不过，尽管鸭嘴兽的外貌如此独特，但它还拥有另一种更奇异的特性，正是这种特性吸引我来到澳大利亚，亲眼看看这种奇妙动物的风采。面对雄性鸭嘴兽，请务必小心：在目前已知的5416种³哺乳动物中，只有它长着毒刺，为了争夺配偶，雄性鸭嘴兽会用脚踝上的毒刺攻击对手。

目前我们已经发现了12种有毒的哺乳动物，但除了鸭嘴兽，其他有毒哺乳动物都是通过咬的方式释放毒素。这12种毒物包括四种鼩鼱（shrew）、三种吸血蝠、两种沟齿鼩（solenodon，这种穴居哺乳动物口鼻部很长，类似啮齿动物）、一种鼹鼠、蜂猴和鸭嘴兽。有证据表明，蜂猴实际上可以细分成四个物种，那么这个名单里的动物数量将增加到15种，然而即便如此，有毒哺乳动物加起来也不超过3只手的手指数量。

---

[1] 美国著名木偶师。——编注

在动物世系谱中，有毒动物主要出现在刺胞动物门（Cnidaria）、棘皮动物门（Echinodermata）、环节动物门（Annelida）、节肢动物门（Arthropoda）、软体动物门（Mollusca）和脊索动物门（Chordata）中——人类就属于最后这个门。与其他纲目的动物相比，哺乳动物里的有毒成员寥若晨星。比如说，水母、海葵和珊瑚所在的刺胞动物门里，几乎所有物种（超过9000种）都有毒；要说哪个门的有毒物种数量最多，那无疑是节肢动物门，它的成员包括蜘蛛、蜜蜂和胡蜂、蜈蚣、蝎子；蜗牛、蠕虫、海胆等动物都可能有毒，更别说脊索动物门里其他有毒的脊椎动物，例如有毒的鱼、蛙、蛇和蜥蜴等。

从生物学角度来看，要说某种动物"有毒"（venomous），必须满足一系列明确的定义。很多物种属于"带毒"（toxic）：它们身上的某些物质（毒质）只需极小的剂量就能造成严重的伤害。人们常常觉得"带毒"、"毒性"（poisonous）、"有毒"几个词听起来差不多，但现代科学家对它们做了严格的区分。毒性物种和有毒物种都会制造毒质，或将毒质储存在自身的组织中。你或许听说过，"任何东西在一定剂量下都有毒"，但这句话其实并不准确。某些物质在足够大的剂量下可能会"带毒"，但如果这种物质需要很多才能致命，那我们就不能说它是毒质（toxin）。当然，你可以一直喝可乐喝到死，但汽水并不是毒质，因为它需要达到极大的剂量才能产生毒性（你得一次性灌下去很多升）。从另一个角度来说，炭疽杆菌（anthrax bacterium）的分泌物是一种毒质，因为它只需要一点点就能致命。

我们可以根据毒质进入受害者体内的方式来对这些物种做更细致的分类。任何可通过食用、吸入或吸收的方式造成伤害的毒质都可被视作毒药。不过箭毒蛙（dart frogs）或四齿鲀（pufferfish）之类的毒性物种必须等待其他生物犯错才有机会释放毒质。有的科学家或许会争辩说，除了毒性生物和有毒生物，还有第三种含有毒质的动物——带毒动物。[4]这些动物的确身藏毒药，但它们更有耐心，只在特定的情况下才会动用这种武器。比如说，喷毒海蟾蜍（poison-squirting cane toad）和射毒眼镜蛇（spitting cobras）只有在受到惊扰、不愿被触碰或被咬的时候才会像其他毒性动物一样释放毒质。

要获得"有毒"的头衔，动物不仅需要携带毒质，还必须有专门的手段将这些危险的"货物"送入其他动物体内——它必须主动发挥自己的毒性。蛇长着毒牙，蓑鲉拥有毒硬棘，水母有刺细胞，雄性鸭嘴兽也有刺。

你很容易就能发现鸭嘴兽的毒刺。小贝絮絮叨叨地说着鸭嘴兽和它们在龙柏考拉保护区的生活时，我一直盯着它后腿上那块类似牙齿的黄色凸起。鸭嘴兽的毒刺长约2.5厘米，比我想象中的大得多。毫无疑问，就算这根巨刺没毒，被它扎一下也够疼的。伸手凑近毒刺拍特写照片的时候，想到要

　　　　有毒：从致命武器到救命解药，看地球致命毒物如何成为生化大师

鸭嘴兽的毒刺
(© Christie Wilcox)

是被它扎了该有多疼，我情不自禁地打了个冷战。

　　鸭嘴兽的毒性很强。他们告诉我，被这种动物刺一下将是一种改变人生的体验，就像那些足以塑造人格的重大创伤事件一样。鸭嘴兽毒素带来的疼痛将折磨你好几个小时，甚至几天。根据一份有记录的案例，一位上过战场的57岁老兵在外出打猎时发现了一只疑似受伤或生病的鸭嘴兽，出于对这个小家伙儿的关心，他试图把它抱起来，结果右手就挨了一下。因为这份善心，他住了整整6天院，经历了极大的痛苦。刚刚接受治疗的半个小时里，医生给他用了整整30毫克吗啡（吗啡用于止痛的剂量通常是每小时1毫克），但却几乎无效。[5]这位老兵表示，被鸭嘴兽螫比在战场上中弹疼得多。直到医生用一种神经阻滞剂麻痹了他右手的所有知觉，他才终于感到了解脱。

　　更奇妙的是，鸭嘴兽释放的毒素和它那些哺乳动物"亲属"完全不同。就像鸭嘴兽四不像的外表一样，这种动物的毒素也像是从其他动物身上随便偷来的各种蛋白质组成的。鸭嘴兽的毒腺内一共表达了83种[6]不同的毒质基因，其中某些基因制造出的蛋白质仿佛来自蜘蛛、海星、海葵、蛇、鱼或者蜥蜴，就像有人从各种各样的有毒生物身上剪下了这些基因，又把它们贴到了鸭嘴兽的基因组里一样。鸭嘴兽的存在就是一份活生生的证据，它的外表和内在都让我们看到了趋同演化的强大力量，相似的选择压力竟能在截然不同的动物世系中造成如此惊人相似的结果。鸭嘴兽的独特之处还不止于此，据我们所知，它是唯一一种主要将毒素用于雄性同类竞争——而非觅食或自卫——的动物。

把这只鸭嘴兽放回窝里之前，小贝让它释放了一次怒火。她将一条毛巾挂在鸭嘴兽身后，雄兽迅速而愉快地用后腿抓住那条毛巾，开始使劲翻滚。它向毛巾注射毒液的那份劲头儿着实让人又敬又怕。我不禁默默感谢这只奇形怪状的动物大度地容忍了我的出现，虽然它也不是那么情愿。我敢打赌，它心里一定觉得自己踩躏的不是毛巾，而是我的胳膊。

和鸭嘴兽不同，很多物种靠改良的唾液腺分泌强效毒质，然后再用针一般的牙齿将毒质注入受害者体内，蛇和大部分有毒哺乳动物特别偏爱这种方式，但蜂猴却自成一格。这种夜行性小型灵长目动物完全有实力跟鸭嘴兽竞争"最奇怪有毒动物"的头衔，它会用带沟槽的牙齿［科学家称之为"齿梳"（tooth comb）］释放导致剧痛的毒素。不过在此之前，它得从自己肘部的毒腺中采集毒素。蜘蛛、蜈蚣和其他很多节肢动物也会靠毒牙或改良的口器释放毒素。你甚至可以说，某些蜗牛的"叮咬"也带毒：它们会用鱼叉似的结构攻击猎物，我认为这种"齿舌"（radula）算是一种硬化的舌头。

然后就是那些靠螯刺投毒的动物了。蜜蜂、胡蜂、蚂蚁、蝎子和黄貂鱼都以毒刺著称，毛毛虫、海胆和许多植物装备着一排排毒针。刺胞动物门的物种别具一格，它们拥有独此

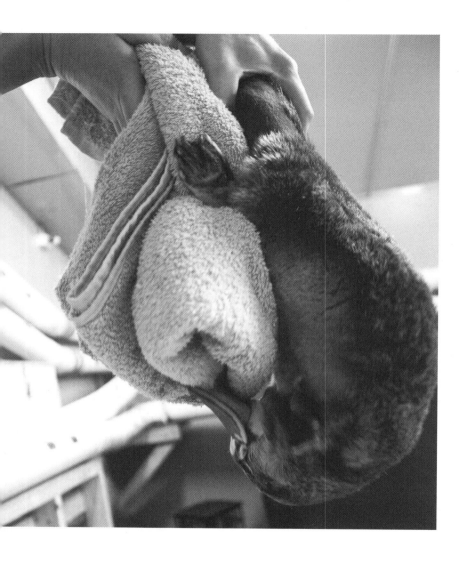

一只雄性鸭嘴兽愤怒地用毒刺攻击毛巾

（© Christie Wilcox）

　　　　有毒：从致命武器到救命解药，看地球致命毒物如何成为生化大师

一家的刺细胞（cnidocyte）。水母、珊瑚和海葵的触须中都有刺细胞，一旦有敌人逼近，这些细胞能随时从管状囊中射出微不可见的刺针。虽然我们总觉得刺细胞是一种投毒系统，但实际上，这些细胞的形状和功能各不相同，其中只有一部分能够释放毒素，其他刺细胞会喷射胶状物或简单的钩子来引诱潜在的猎物。

投毒"设备"的两个大类正好反映了毒素的两种主要用途：辅助捕食猎物，或者保护自己、赶走潜在的掠食者。不同的用途带来了不同的选择压力，常常也会造就不同的毒素活性。靠嘴咬的动物主要用毒素来进攻，而以毒刺著称的动物通常是为了自卫。当然，这两个大类中又各有例外。蝎子和水母的螫刺是为了杀死猎物，而蜂猴的毒牙主要是用来保护自己。而且很多有毒生物进可攻、退可守，它们会根据情况灵活地选择如何使用毒素。

一般来说，进攻性毒素会造成更严重的物理性伤害，它们通常含有麻痹猎物的强效神经毒素，或是帮助消化食物的可怕细胞毒素。不过对人类来说，这些毒素通常无伤大雅：如果某种毒素的主要目标是昆虫或者其他与我们截然不同的物种，那么虽然它能对目标猎物造成严重的伤害，但在人体组织中却不一定会产生相似的效果。而且这种有毒生物的"投毒系统"也可能不够强大，根本无法刺破我们的皮肤，例如许多品种的海葵对人类无害，因为它们的刺丝囊（*nematocysts*,

存在于每一个刺细胞中最常见的"发射"器官）根本无法穿透我们的真皮层。从另一个方面来说，防御性毒素通常含有不同的神经毒素，它们会引发难以忍受的强烈疼痛，以警告掠食者最好换个目标。防御性毒素的主要意图是警告敌人，所以它们一般不会致命。

不过所有毒素都有一个共同点：它们都很昂贵。我并不是说毒素在黑市上价格高昂（不过某些毒素的确很贵），而是说制造这些毒素需要消耗许多能量。为了制造和维护自己的毒性武器库，有毒生物不得不耗费来之不易的大量卡路里，这些热量原本可以用在其他重要的地方，比如发育或繁殖。

根据多方面的证据，科学家深知毒素代价高昂。其中最简单的一条线索，就是哪怕在演化树上有毒的分支（科学家称之为"演化支"）中，也有不少物种放弃了毒性。既然毒素在演化中意义重大，那么要不是代价过于高昂，又有哪个物种会轻易放弃这个优势呢？比如说，如果某种动物的食性发生了改变，它不再追逐那些机敏狡猾的目标，转而捕食被动消极的猎物，那么对它来说，继续制造用于捕食的毒素就显得不那么划算了。所以科学家相信，正是出于这个原因，埃杜西剑尾海蛇（marbled sea snakes）改吃蛋以后就放弃了自己的强效毒素。[7]

类似的是，许多有毒动物门类中都存在毒性减弱甚至完全丧失毒性的典型物种。红尾蚺（constrictor snake）就是

　　　有毒：从致命武器到救命解药，看地球致命毒物如何成为生化大师

个绝佳的案例：有的科学家相信，在蛇类与蜥蜴完成分化之前，它们拥有共同的有毒爬行动物祖先，但在演化过程中，部分物种只需要靠身体绞杀就能抓到足够的猎物，所以它们没必要继续留着毒牙。而在鱼类的系统中，有毒和无毒物种交相出现、难分彼此，这意味着对鱼类来说，获得和失去毒性都很常见。从演化角度来说，维持毒性有时候就只是不划算而已。

有毒动物还有个共同点：它们都深深吸引着人类。在那些已知最早的医学文献中，我们能看到当时的人们对有毒动物的详细描述，以及它们的螫咬如何折磨我们的身体，亚里士多德（Aristotle）和克娄巴特拉（Cleopatra）之类的人物时常为它们深深折服。罗马的强敌米特拉达梯六世（Mithridates VI）[8]醉心毒素和毒药，甚至因此赢得了"毒王"的名号。米特拉达梯六世的父亲在他12岁时被毒杀，从那以后，他一直在试图寻找一种"解毒万灵药"。他开始试着每天服用低剂量毒质，因为他相信，日积月累，这些毒质将帮助他免疫所有毒药。

追随"毒王"脚步的还有两位医生：尼坎德（Nicander，约前185—前135年）[9]和盖伦（Galen，131—200年）[10]，这二位都留下了大量介绍有毒动物及如何治疗毒伤的著述。他们被奉为毒素和医学领域的权威，直到15—16世纪，人们仍在阅读他们的著作，并将之翻译为拉丁文和其他语言。

虽然讨论有毒动物的医生和作家很多，但直到17世纪，科学家们才开始系统性地研究这些危险的生物。据我们所知，弗朗切斯科·雷迪（Francesco Redi，1626—1697年）[11]是当时率先汇总归纳蛇毒知识的先驱之一，他还告诉人们，蛇毒实际上是毒素，而非毒药——很多蛇毒吃下去没事，但皮下注射却可能致命。到了19世纪，生物分类法问世，科学家们才开始鉴别和分类有毒动物。

奇怪的是，尽管一些早期文献中提到过鸭嘴兽的毒刺（事实上，被鸭嘴兽螫刺的最早记录出现在1816年）[12]，但对于鸭嘴兽是否有毒这个问题，科学家们争论了几十年。巴黎大学解剖学及动物学教授亨利·德布兰维尔（Henri de Blainville，1777—1850年）首次详细描述了鸭嘴兽的毒刺及与之相关的腺体，并总结说，鸭嘴兽的毒刺是一种有毒器官，意在注射毒质，"就像毒蛇一样"（comme cela a lieu dans les serpens venimeux）[13]。然而到了1823年，一位不愿意透露姓名的医学评论家向《悉尼公报》（The Sydney Gazette）信誓旦旦地担保："为了驳斥外界谬论，我对这种动物做了详细的解剖，包括活体和尸体，却未能在它的囊中发现所谓的病毒。鸭嘴兽无毒，持有这种观点的不止我一人；不仅如此，确切地说，它后腿上的棘刺根本没有连接任何腺体。"[14]

"我坚信，这种动物的棘刺无法注射毒液。"1829年，律师托马斯·阿克斯福德（Thomas Axford）这样写道。他甚至还说过："我非常肯定，鸭嘴兽的棘刺完全无害，我一点儿也不怕它。"[15]

尽管鸭嘴兽有毒的可靠报告不止一例，但整个19世纪，无毒论仍盛行一时。甚至到了1883年，英国博物学家亚瑟·尼克尔斯（Arthur Nicols）仍对鸭嘴兽有毒的观点嗤之以鼻，他还居高临下地嘲笑别人对这种动物的谨慎："看到我抓着那只标本，毫不在意它所谓的'武器'，那个小子吓坏了，他不停地指着鸭嘴兽的棘刺，用手势表示警告。这再次证明了澳大利亚原住民对实用自然史的无知。"[16]鸭嘴兽的地位非常重要，不是因为它毒性强烈，而是因为从演化上说，它是哺乳动物与爬行动物之间的桥梁——会产卵的哺乳动物！科学家更感兴趣的是它的繁殖机制，而不是它的毒质。不过到了19世纪末，越来越多的科学家对毒素产生了兴趣，这样的兴趣又促进了技术的发展，最终为现代毒素研究奠定了根基。毒素科学即将腾飞，鸭嘴兽是否有毒的争议也终于有了定论。

推动毒素早期研究的主要是那些对危险动物的临床应用感兴趣的专业人士。当时的医学文献中充斥着各种各样的实验，科学家们通过各种方法探查毒素的强度、它们可能引发的生理反应和有效的治疗手段。他们设计了不同的实验来检测各种毒素的活性，今天我们称之为"功能检测"（functional assay）或"生物测定"（bioassay）。这意味着科学家第一次有能力对毒素的不同效应（我们通常称之为"活性"）开展可靠的研究，比如说，某种毒素是否会杀死细胞或刺激肌肉收缩。将生物测定的结果与活体研究对照，研究者能够更深入地了解哪些毒素会攻击哪个系统，并由此发展出相应的急救手段。他们还能将不同物种制造的相似毒素放到一起做比较。例如，如果同一个属的两种蛇产生的毒素都能杀死红细胞，那么科学家可以定量比较它们的毒性，从而更深入地理解为何某些动物特别危险。

科学家们还为那些最致命的螫咬找到了有效的治疗手段：1896年，艾伯特·卡尔梅特 [Albert Calmette，他是路易·巴斯德（Louis Pasteur）的门徒][17]创造了第一种抗毒血清。当时卡尔梅特在越南遭遇了洪水，横流的大水逼得孟加拉眼镜蛇（monocled cobra）逃窜进了他居住的村庄，毒蛇咬人的事故骤然剧增，迫使卡尔梅特开始为那些命在旦夕的中毒者寻找解药。他将眼镜蛇毒素注入马匹体内，然后再用马的血清来治疗那些被咬的人，第一种抗毒血清就此诞生。抗毒血清利用动物的适应性免疫系统制造针对特定毒素的靶向抗体来抵消毒性，这种药品每年都能拯救无数生命，但它仍有改善的空间。如今，科学家们正在寻找通用的抗毒血清，以期提高治疗效率，避免对毒素类别的误判影响最终的治疗效果。我们还不知道他们是否能获得成功。

尽管毒素研究在19世纪经历了翻天覆地的变化，但很多人仍然相信鸭嘴兽无毒，直到19世纪80年代，一个问题重新浮出水面：鸭嘴兽的棘刺到底是用来干什么的？1894年，《英国医学杂志》（*The British Medical Journal*）对19世纪30年代以来的主流观点提出了大胆的质疑，作者在文章中提出，可信的鸭嘴兽螫刺报告越来越多，"这种动物到底有没有毒"[18]？1895年，人们终于第一次在活体动物身上做了实验——用的是兔子。[19]研究者从鸭嘴兽的棘刺中提取毒素，并将之注入兔子体内，然后观察兔子的反应。试验结果非常清晰："鸭嘴兽棘刺提取物产生的效果与澳洲毒蛇非常相似。"化学分析表明，鸭嘴兽的毒素含有能够切断蛋白质的酶（蛋白酶），这项研究还解释了之前为何会出现自相矛盾的解释：因为鸭嘴兽的毒性具有季节性，它们在繁殖季节才会制造出最强效的毒素，这又进一步佐证了雄性鸭嘴兽的毒素主要用于争夺配偶的观点。

1935年，毒素学家查尔斯·凯拉韦（Charles Kellaway）和D.H.勒梅热勒（D.H.Le Messurier）明确提出，鸭嘴兽的毒素类似"一种毒性极弱的蛇毒"[20]。不过直到30年后，人们才弄清了鸭嘴兽毒素的确切成分。因为早期研究者对毒素的兴趣几乎仅限于临床领域，他们致力于探索毒素剂量与人体反应之间的关系，努力寻找有效的治疗手段。不过到了20世纪30年代，学界的重心逐渐发生了转移。虽然很多科学家仍在坚持从医学的角度研究毒素和抗毒血清，但从20世纪40年代和50年代起，新一代的研究者开始探查毒素的分子作用机制，从而将这个领域的研究拓展到了更基础的层面。技术的进步也让研究者开始了解毒素及其成分的演化，一些新的洞见让我们看到了毒素在药学上的无限潜能。

长久以来，一个问题一直困扰着研究毒素的科学家：从动物身上提取的原始毒素含有多种成分，但始终没有找到很好的办法来分离这些成分。虽然化学家早已掌握了分离不同类型化合物的方法，例如油脂和蛋白质，但这些方法却不能完美地分离毒素的不同组分。这有点儿像是整理洗好的衣服：人们可以区分上衣和袜子，却没法根据衣服的颜色来分类，也不能区分长袖和短袖。比如说，有的毒素含有数百种肽（蛋白质的小片段），而且它们都能溶于水。这意味着该毒素的"水溶性组分"中可能含有数百种不同的化合物，如果将它注入小鼠体内，你根本不可能分清实际起效的到底是其中的哪一种或哪几种。

幸运的是，到了20世纪初，俄国科学家米哈伊尔·茨维特（Mikhail Tsvet）发明了色谱层析法（chromatography）来分离植物中的色素。后来这种方法经历了多次变化和改良，于是现在的科学家终于有了可靠的办法来分离和鉴定毒素的成分。色谱层析法的基本原理是这样的：将混合物溶解在某种液体（流动相）中，然后让这种液体流经一个具有特定属性的结构（固定相）。这个结构可以是一根简单的材料填充柱，液体在重力作用下流经这根柱子；结构也可以拥有特殊的化学性质，以便"黏附"特定类型的分子。混合液流经固定相时，由于各种化合物的分子尺寸、3D结构或化学性质总有微妙的差别，所以它们的流速也各不相同，通过这种方法，科学家们能够更精细地分离毒素的各种成分。

从20世纪40年代到50年代，新颖的色谱层析法不断涌现，正是在这个时期，如今我们熟知的高效液相色谱法（HPLC）登上了历史的舞台。现在，HPLC已成为毒素研究领域最重要的技术，它让科学家得以将毒素样品分离成独立的成分；与传统色谱法最大的不同之处在于，HPLC采用高气压（而非重力）迫使溶液流经固定相，色谱柱使用的材料也更加精细。20世纪中叶，科学家还发明了凝胶电泳（gel electrophoresis）来分离蛋白质、DNA（脱氧核糖核酸）和RNA（核糖核酸）分子。凝胶电泳利用电场来拉拽化合物，让它们在凝胶中穿行；带负电的分子被拽向电场一端，而凝胶的特性会影响各种分子的移动速度，在相同的时间内，某些分子会跑得更快。不妨想象一下，如果用相同的力将一根针和一根手指压入糖浆中，针的移动速度无疑会快得多。用凝胶电泳分离蛋白质的时候，影响分子移动速度的主要是它的尺寸，通过这种方法，科学家可以大致判断毒素中不同蛋白质的数量。凝胶电泳还可以帮助我们判断基因提取或基因扩增是否成功。今天，它已成为每一个研究毒素的实验室里不可或缺的技术手段。

分离技术的两大进步开启了现代毒素研究的新纪元。到20世纪70年代，全世界的实验室都学会了分析毒素中各种成分的活性，而不是将原始的毒液作为整体进行笼统的研究。科学家也开始分离出毒素中活性最强的一些成分。有史以来最畅销的药品卡托普利（Captopril，用于治疗高血压和心力衰竭）就是在这个时期问世的，人们从美洲矛头蝮蛇（*Bothrops jararaca*）的毒素中分离出了这种化合物，类似的例子还有很多。

彼得·坦普尔－史密斯（Peter Temple-Smith）在1973年发表的博士论文中利用新的分离技术检测了鸭嘴兽毒素的成分和活性。最终，他通过电泳法和色谱层析法发现了至少10种不同的蛋白质，并从那些可引发惊厥的组分中分离出了能杀死小鼠的化合物。但坦普尔-史密斯的研究仍不够全面，因为当时的分离和生物检定技术需要消耗大量毒素原料（比如说，因为搞不到足够的毒素，他没法做完整的致命性测试）。研究蛇毒比较容易，因为研究者可以反复提取同一条蛇的毒液，而且蛇能够相对轻松地制造出数毫升甚至数升毒液，但其他很多有毒生物制造出的毒素还不及研究所需的千分之一。虽然鸭嘴兽一次最多能射出4毫升毒液，但实际上，提取它的毒液相当困难。坦普尔－史密斯和其他研究者发现，他们平均每次只能提取100微升鸭嘴兽毒液[21]——鉴于当时的技术水平，要做精密的分析，这点儿毒液完全不够。

不过，生物测试很快就变得更加微型化，更先进的技术让科学家得以窥探不同分子的形状和结构，毒液量不敷研究之用的问题也迎刃而解。几位科学家因为改良了质谱法（MS）和核磁共振技术而获得了诺贝尔化学奖，在这些技术的帮助下，研究者第一次开始试着推测毒素中那些大型复杂化合物的化学成分。哪怕只有极少量的原始毒素，新的仪器也可以完成分析，并从中寻找出那些具有关键特质（例如能够降低血压、阻断神经脉冲或摧毁红细胞）的化合物。

20世纪90年代，有人继续着坦普尔-史密斯未能完成的研究。[22]科学家们更深入地研究了从鸭嘴兽毒素中分离出来的活性肽、两种蛋白酶和一种透明质酸酶（hyaluronidase，这种酶又被称为毒素的"扩散因子"，因为它能切断透明质酸，而透明质酸是皮肤的重要成分，也是填充在细胞之间的"胶质"）。他们甚至测出了鸭嘴兽毒素某些组分的短序列，结果发现它们与蛇毒的成分十分相似。

接下来，一项新技术彻底改变了科学家研究有毒动物和毒质的方式：基因组学。1953年，沃森（Watson）、克里克（Crick）和富兰克林（Franklin）推导出了DNA结构。根据他们发现的序列，30年后的科学家发明了一种方法来扩增DNA片段。聚合酶链式反应（PCR）为最早的基因测序技术（桑格测序法）奠定了根基，科学家们迄今仍在使用这种方法。1989年，完整的基因测序首次成功；第一个完整的非病毒（一种细菌）基因组测序完成于1995年。在那之后的二十余年里，遗传学和基因组学成了科学界发展最为迅猛的领域。如今的高通量技术能在几小时内测定整个基因组，层出不穷的新方法还在不断缩短测序时间、降低实验成本。我们花费了漫长的时间，耗资亿万，终于在2003年首次完成人类基因组测序——未来5～10年内，人类基因组完整测序的成本可能会降低到1000美元以下。

而在毒素研究领域，遗传学革命开辟了前人未曾想见的康庄大道。科学家可以通过基因了解演化关系，确定哪些物种之间有密切的亲缘关系。他们可以比较毒质与其他蛋白质的序列，从而开始了解毒素的演化过程。除了DNA，科学家还发展出了核糖核酸（RNA，这种物质是DNA与蛋白质之间的桥梁）测序的方法，由此判断它表达的是哪种基因。基因组学让研究者得以对毒腺中表达的每一种蛋白质进行测序，通过这种方法，我们甚至根本不需要毒液就能探查毒素的成分。制药公司可以建立庞大的毒质数据库，从中寻找能够充当酶的物质，或者有可能与离子通道之类的"目标"进行互动的成分（稍后我将进一步讨论这个问题）。研究者将毒素分离、组分提取与基因组学相结合，毒素学也相应地变成了毒素组学（venomics）。通过这些综合研究，我们对有毒动物的了解达到了前所未有的程度，我们也逐渐发现，这些动物在生物化学方面的威能远超人们的想象。

如果没有基因组学，我们根本无法对比数十种不同的毒素成分，更无从知晓哺乳动物的毒素中含有类似毒鲉（stonefish）、蛇、海星和蜘蛛的毒质是一件多么奇怪的事情。我们不会知道，鸭嘴兽到底有多奇妙。

基因学海量发现带来的应用前景令科学家欢欣鼓舞。"鸭嘴兽毒素引发的症状十分罕见，这意味着它的毒素中含有许多独特的物质，它们可能在临床上意义重大。"悉尼的毒素学家卡米拉·惠廷顿（Camilla Whittington）和她的同事这样写道。但鸭嘴兽的许多秘密仍有待我们去揭露。比如说，谁也不知道鸭嘴兽螫刺带来的剧痛到底是毒素中的哪种成分引发的。要是能弄清这个问题，我们就能进一步了解这种动物，或许还能更深入地了解我们自己。"这有可能，"惠廷顿等人写道，"引领我们发现新的人类疼痛受体，从而研发出更好的止痛药。"

回到龙柏考拉保护区，小贝把那只羞涩的哺乳动物放回窝里以后，我站在水族箱前，看着它游来游去，寻找可口的小虾。它翻滚扭动身体，像鱼一样优雅地在水中穿行。发现目标以后，它立即张大嘴巴吞下食物，一边吃一边摇头摆尾，憨态可掬。保护区要到15分钟后才会开放，所以现在，这里完全属于我一个人。我试图想象，早期的探险家第一次遭遇这种奇怪的毛球时会是怎样的场景。如果当时在场的是我，我铁定会为它深深着迷。我甚至根本不会考虑鸭嘴兽可能非常危险，我会迫不及待地抓一只来仔细看看。就算是现在，即使我已经知道这种哺乳动物身携剧毒，我仍深深地被它吸引。我与它的阴险毒素之间只隔着一道玻璃墙。而与其他一些声名狼藉的有毒动物遭遇时，我甚至连这样的屏障都没有。

Chapter

2

它即死神

Death
Becomes
Them

繁殖、变异，强者生，弱者亡。

——查尔斯·达尔文（Charles Darwin）

1997年7月29日，和以往的无数个清晨一样，安吉尔·柳原（Angel Yanagihara）走入水中。[1]她已经数不清自己游过多少次这条1600米长的泳道，游泳让她感觉舒适，而且这一天，她充满自信。安吉尔刚刚完成了夏威夷大学马诺阿分校的博士答辩，这将是她获得"博士"头衔的第一个夏天，对此她满怀期待。所以当沙滩上的陌生人指着水里无数巴掌大小的泡泡劝告安吉尔不要下海，因为有"箱形水母"（box jellyfish）的时候，她并未多加理会。她穿着莱卡泳衣——这层薄薄的湿衣裹住了她的身体——所以她觉得没事儿。游前半段的时候，她的确安然无恙。

　　不过，就在安吉尔掉头准备游向岸边的时候，她遇到了一群箱形水母。她的脖子、手臂和双腿都被水母纤细的触须螫伤了。仿佛灼烧的剧痛瞬间袭来，她挣扎着试图游离这群螫人的魔鬼。但液体涌进了她的肺里，她觉得呼吸越来越困难，每一次击水都不得不大口喘息，努力试图吸入更多空气。"最奇怪的是那种大难临头的压迫感。"安吉尔说。她好不容易才挣扎着挪到最近的建筑物外面，掏出原本留着打应急电话的硬币敲了敲门，然后便失去了意识。

随后安吉尔在救护车上醒来，身边围了一圈急救人员。救援者用醋和嫩肉粉帮她清理了伤口，又用热水淋浴，并建议她立即去看急诊。安吉尔觉得这未免有些小题大做，所以她签了一份不愿听从医学建议的声明，然后自己开车回家了。但水母的毒素还不肯放过她。"我在床上躺了好几天，饱受疼痛的折磨，我试遍了能想到的所有办法，但却一点儿用都没有。"她这样告诉我。红痒的伤痕直到四个月后才逐渐消退。作为一位生物化学家，安吉尔对这种让她遭受痛苦折磨的水母毒质产生了病态的好奇心。但谁也不知道水母的破坏力为何如此强大，此前从未有人分离或鉴别过夏威夷箱形水母的毒质。所以三周后，安吉尔申请了科研基金，打算亲自解决这个问题。从那以后，她一直在研究水母毒素。

箱形水母是刺胞动物门里最致命的物种，此门还包括珊瑚、海葵和其他水母。刺胞动物是古老的动物世系之一，6亿多年前[2]，在地球上的生物演化出骨头、壳和大脑之前，刺胞动物就已自成一派。虽然以我们的眼光来看，刺胞动物实在不太像掠食者，但它们的触须里藏着数百万个刺细胞，这些细胞能在一秒内释放出致命的毒素。[3]

箱形水母毒素中最致命的成分是一种成孔毒素，即孔蛋白（porin），它能在细胞膜上穿孔[4]——这是安吉尔的第一个重要发现。她发现的这种孔蛋白（后来人们又在其他刺胞动物体内发现了类似的毒质，并进行了鉴别和测序）能击穿红细胞，导致钾泄漏；除此以外，它还会引爆血红蛋白。[5]虽然细胞破碎（我们称之为"裂解"）听起来似乎更戏剧化，但钾泄漏才是箱形水母真正的杀招。孔蛋白会导致人体血钾水平急剧升高，从而在短短几分钟内引发心血管衰竭。这是一种古老的毒质，和某些细菌毒素十分相似。但箱形水母的毒素里还有大量其他成分，包括类似蛇毒的蛋白质和类似蛛毒的酶。[6]

在美国国家科学基金会的描述中，体形最大的箱形水母是澳大利亚箱形水母（Chironex fleckeri），"它是地球上毒性最强的动物"[7]。但这到底意味着什么呢？地球上最致命的毒素到底是什么？每位毒素科学家在职业生涯中都被问到过类似的问题，接踵而来的还有更多疑问。说到毒素，我们默认的排序方式是看它对人类有多大威胁。随便找一张报纸，看看上面和有毒动物有关的新闻，诸如男孩在春游时被蛇咬伤、科学家发现了一种新毒蛙，无论报道的具体事件是什么，似乎只有性命攸关的元素才能激起读者的兴趣。看起来如此脆弱的小动物竟能战胜我们，这让人深感不安。箱形水母的个头还没有黏豆包大，但它却能在5分钟内杀死一个人。我们随随便便就能踩死一只蜘蛛或蝎子，但某些蜘蛛和蝎子的毒素也能同样轻松地干掉我们。

毒素带来的威胁在演化中也极其重要。在自然选择的过程中，幸存下来的个体才有机会繁殖更多后代。所以，任何直接影响生存的因素都将对物种产生不容忽视的影响，甚至可能改变物种的演化方向。致命的天性拉近了有毒动物和其他物种之间的关系，尤其是被它们捕食的猎物。但是毒素能杀死的不仅仅是猎物，所以有毒动物还会影响自己食谱以外的物种演化，很多时候也包括人类。有毒动物在错综复杂的生态系统中扮演着十分关键的角色，它们对其他物种的影响力遍及全球。

所以，到底哪种毒素最致命？这个问题的答案取决于几个因素。注入你体内的毒素最致命，这无疑是最简单的回答——险些因晨泳丧命的安吉尔对此深有体会。从科学的角度来说，我们可以通过几种方式来衡量毒素的"致命度"。最常见的量度是"中间致命剂量"（Median Lethal Dosage），记作LD_{50}。LD_{50}是指某种毒质杀死半数受试动物（最常见的是大鼠和小鼠，但科学家会用各种实验动物来测试不同的毒素，其中包括蟑螂和猴子）所需的剂量；单位通常是毫克/千克（mg/kg），即每千克体重需要的毒质毫克数。

LD$_{50}$是一种粗略的量度，一般来说，LD$_{50}$值越低的物质毒性越强，因为它在极低的剂量下就可能致命。水的LD$_{50}$值大于90 000毫克/千克[8]，所以水基本无害，但人一次性喝掉6升以上的水也可能危及生命（我绝不建议你去尝试）。另一方面，肉毒杆菌毒素（botulinum toxin，简称肉毒素）的LD$_{50}$值约为1纳克/千克（1纳克等于百万分之一毫克）[9]，所以对人来说，它是已知最致命的物质。60纳克肉毒素就能杀死一个人；如果能够平均分配的话，一把肉毒素足以消灭全人类。但在额头上注射微量（例如十分之一纳克）肉毒素能够有效抹平皱纹，所以它深受名流和过分担心皱纹的人欢迎（肉毒素的药品名叫保妥适）。

不过，如果将LD$_{50}$值作为衡量毒素致命性的唯一标准，你又将面临另一个问题：暴露的方式（例如选择皮下注射还是静脉注射）和受试动物的品种都将极大地影响LD$_{50}$值。第38 ～ 39页表格列出的数据都是小鼠实验得到的结果，但即便如此，给药途径也会影响数据。如果使用静脉注射，那么毒性最强的蛇应该是海岸太攀蛇（coastal taipan）[10]，它的毒素LD$_{50}$值是0.013；但要是改成皮下注射，海岸太攀蛇的排名就会下滑好几位，它的LD$_{50}$值也会激增到0.099——几乎相当于原来的10倍。[11]此外，目前我们还没有测出所有物种的LD$_{50}$值。我们并不知道内陆太攀蛇（inland taipan）毒素的静脉注

门	动物世系	代表物种	学名	LD$_{50}$ mg/kg（给药途径）
刺胞动物门	水母和海葵	澳大利亚箱形水母	*Chironex fleckeri*	0.011（i.v.）[12]
节肢动物门	蜘蛛	黑寡妇	*Latrodectus mactans*	0.90（s.c.）[13]
	蝎子	土耳其黑肥尾蝎	*Androctonus crassicauda*	0.08 (i.v.)～0.40 (s.c.)[14]
	蜈蚣	无通用名	*Otostigmus scabricauda*	0.6（i.v.）[15]
	蛾和蝴蝶	无通用名	*Lonomia obliqua*	9.5（i.v.）[16]
	蜜蜂、胡蜂和蚁类	马里科帕须蚁	*Pogonomyrmex maricopa*	0.1(i.p.)～0.12 (i.v.)[17]
环节动物门	蠕虫	肉冠火刺虫	*Hermodice carunculata*	尚未确定
软体动物门	蜗牛	地纹芋螺	*Conus geographus*	0.001～0.03（估算人类值）[18]
	章鱼和乌贼	蓝圈章鱼	*Hapalochlaena spp.*	尚未确定
棘皮动物门	海胆	白棘三列海胆	*Tripneustes gratilla*	0.05 (i.p.)～0.15 (i.v.)[19]
脊索动物门	黄貂鱼	哈氏扁魟	*Urolophus halleri*	28.0（i.v.）[20]
	鱼	毒鲉	*Synanceia horrida*	0.02 (i.p.)～0.3 (i.v.)[21]
	两栖动物	布鲁诺盔头蛙	*Aparasphenodon brunoi*	0.16 (i.p.)～大于1.6（s.c.)[22]
	眼镜蛇科（蛇类）	内陆太攀蛇	*Oxyuranus microlepidotus*	0.025（s.c.）[23]

有毒：从致命武器到救命解药，看地球致命毒物如何成为生化大师

门	动物世系	代表物种	学名	LD$_{50}$ mg/kg（给药途径）
		海岸太攀蛇	*Oxyuranus scutellatus*	0.013（i.v.）～0.11（s.c.）[24]
蝰蛇科（蛇类）		小盾响尾蛇	*Crotalus scutulatus*	0.03（i.v.）[25]
	哺乳动物	北美短尾鼩鼱	*Blarina brevicauda*	13.5～21.8（i.p.）[26]

这张表格中列出了有毒动物中LD$_{50}$值较致命的一些物种；如无特殊标注，所用实验动物均为小鼠，每个数据后的括号内列出了给药途径（s.c.：皮下注射，i.p.：腹腔注射，i.v.：静脉注射）

射LD$_{50}$值是否会打败它的近亲，因为还没有人做过这样的实验，科学家手里只有内陆太攀蛇毒素皮下注射的数据。

要得到某种毒素的LD$_{50}$值，科学家需要小心提取毒质，再通过实验探查它的效果。虽然我们已经测试了大量有毒物种，但一些有实力竞争"毒王"的物种数据在科学文献中尚属缺如。比如说，河豚毒素（tetrodotoxin）是蓝圈章鱼（blue-ringed octopus）毒素的主要成分，我们知道它皮下注射的LD$_{50}$值是0.0125mg/kg，[27] 但谁也没有研究过整体的蓝圈章鱼毒素LD$_{50}$值是多少。攻击安吉尔的夏威夷箱形水母（*Alatina alata*）携带的孔蛋白LD$_{50}$值从0.005mg/kg到0.025mg/kg不等，[28] 但目前谁也不知道这种水母每次螯刺到底会释放多少毒素。同样的，某些六放虫（zoanthid，珊瑚的近亲）携带岩沙海葵毒素（palytoxin），这种毒素的 LD_{50} 值是 0.00015mg/kg，[29] 它是世界上毒性极强的物质，但这种毒质不仅出现在六放虫携带的毒素里，也存在于它的身体组织中（为了毒杀掠食者），至于二者的浓度有多大差别，仍有待探索。很多物种的 LD_{50} 值我们都还没来得及测量。喇叭毒棘海胆（flower urchin）的毒素可能是世界上最致命的物质之一，因为据我们所知，能杀死人类的海胆仅此一种；作为喇叭毒棘海胆的表亲，白棘三列海胆（collector urchin）的毒性要弱得多，它的毒质通过腹腔注射给药的 LD_{50} 值是 0.05mg/kg，但喇叭毒棘海胆的 LD_{50} 值还没有人测量过。可怕的伊鲁康吉水母（Irukandji jellyfish，一种箱形水母,体长一般不超过3厘米）能引发伊鲁康吉综合征，受害者最终可能因为脑出血而死亡。但除非我们能够准确探查引发这种综合征的到底是哪个物种（目前的嫌犯名单里至少有16种[30]水母）并搜集到足够的毒素来完成致命剂量实验（考虑到某些水母物种的体长还不及你的拇指，这个任务相当艰巨），否则我们永远不会知道它们的毒性到底有多强。

还有一个问题，LD_{50} 值是通过小鼠和大鼠实验得出的数据，所以它不一定能准确反映特定毒素对人类有多危险。不同的物种对同一种毒素的反应可能相差云泥。例如，豚鼠对黑寡妇蛛毒的敏感度是小鼠的10倍[31]，是蛙类的2000倍。某种动物毒素在大鼠试验中的 LD_{50} 值较低并不意味着你被螫咬了就一定会死，而高 LD_{50} 值也不能绝对确保你的安全。要衡量

有毒：从致命武器到救命解药，看地球致命毒物如何成为生化大师

毒素的致命度，更好的办法或许是比较它们的特异性死亡率，即人类在中毒后的死亡百分比。举例来说，每年被澳大利亚箱形水母螯刺的人中，死亡率还不到0.5%[32]，就连可怕的内陆太攀蛇的致死率也不算高，因为科学家在1956年研发出了针对性的抗毒血清（不过在抗毒血清问世之前，内陆太攀蛇造成的死亡率近乎100%）。

作为杀手，青环蛇（common krait）和眼镜王蛇的效率比上述物种高得多。这些大蛇的毒牙很短，而且不会活动，和蝰蛇的折叠式长牙完全不同；它们的毒液一滴或许并不会致命，但量变足以引发质变，眼镜王蛇咬一口释放的毒液最多可达7毫升，足够杀死20个人！科学家估计，眼镜王蛇的特异性致死率大约是50% ~ 60%，[33]而蛇类整体的特异性死亡率只有2%左右。[34]青环蛇也以极高的特异性致死率著称，它的"战绩"是60% ~ 80%。[35]被这些夜行性蛇类咬一口其实不太疼，所以受害者很容易误以为自己是安全的。直到几小时后，受害者逐渐陷入全身瘫痪，这时候他们才会发现自己应该及时寻求医疗救助和抗毒血清。

据我们所知，致死率和蛇类相当的有毒动物只有寥寥几种。刺客毛虫（Lonomia）以2.5%的人类致死率傲视群雄，[36]20世纪90年代中期，科学家研发出了针对这种毛虫的抗毒血清，在此之前，这种看似无害的毛毛虫致死率高达20%[37]。但无脊椎动物中的毒王还得数地纹芋螺，它的特异性死亡率可达70%。[38] 如此高的致死率反映了地纹芋螺的杀戮速度——受害者在中毒后几分钟内就会全身瘫痪而死。

虽然致死率能够更加准确地反映毒素对人类的威胁，但这还不是故事的全貌。如果以致死率来衡量，除了少数几个物种，蛇类整体的排名并不高，因为我们已经研发出了多种抗毒血清。而且以致死率来衡量毒性还会带来几个问题：第一，光是救治是否及时就能极大地影响致死率数据；第二，你无法通过致死率来衡量自己有多大概率死于某种毒素，因为你不知道这种动物出现的频率有多高。比如说，要是我被芋螺刺了一下，鉴于高达70%的致死率，我理应满怀忧虑，然而这种情况发生的概率又有多大呢？

从生态学和演化学的角度来看，衡量有毒动物危险性的最佳方式是比较各种动物每年杀死的总人数，这样才能更全面地反映你面临的风险。时至今日，蛇类仍是全世界最主要的有毒杀手。山蝰（Russell's viper）、锯鳞蝰（saw-scaled viper）、印度眼镜蛇（spectacled cobra）和青环蛇，这印度四大毒蛇每年咬死的人成千上万，[39] 尽管它们的毒性在LD_{50}之类的量化评测中排名并不高。某些眼镜蛇物种的毒性比这几种蛇强30～110倍，而且四大毒蛇中有两种的咬伤致死率也不高，但这几种蛇经常出现在人口密集的区域，它们经常和人发生接触，咬人的概率也更高。虽然四大毒蛇都有相应的抗毒血清，但很多咬伤事件发生在贫困的社群中，那里的医疗条件有限，

有毒：从致命武器到救命解药，看地球致命毒物如何成为生化大师

很多人无法及时得到救治，只能白白丧命。与此类似，撒哈拉以南的非洲也有成千上万人因蛇咬而死，虽然以毒性而论，那些咬人的蛇并不算很"致命"，但它们造成的总死亡人数却高得惊人。在那些偏远的地区，LD_{50}值或致死率高居前列的毒蛇通常会避开人多的地方，所以它们很少咬人，自然也就很少咬死人。

有时候某些蛇咬死的人数异常增多是因为人类帮凶的推动。尽管这些掠食动物非常危险，但纵观历史，不乏利用有毒动物进行暗杀的勇者——这类案例数量繁多，以至于某些古代文明专门为这样的暗杀者设立了特殊的刑罚。比如说，在古印度的《印度教法典》（Gentoo Code）中就有这样的描述，"如果某人蓄意将蛇或类似的动物扔进另一个人的房子，导致对方被螫咬死亡"，那么他将面临巨额罚款，最重要的是，他将被迫"亲手丢掉那条蛇"。[40] 传说印度孔雀王朝（Mauryan Empire，前321—前185年）时期的传奇女刺客"毒姬"（Vish Kanya）[41] 自幼经受毒蛇咬啮，所以她们的血液和唾液中充满了毒素，只需一个吻就能杀人。

哪怕在当代，也有人企图借有毒动物逃脱谋杀的惩罚。托马斯·伯顿（Thomas Burton）在《蛇与灵魂》（The Serpent and the Spirit）中记述了格伦·萨默福德（Glenn Summerford）的故事，传说这位擅长耍蛇的牧师曾沉溺于暴力和药物滥用，1982年，他幡然醒悟，皈依于主。[42] 1991年，他已经成了美国亚拉巴马州斯科茨伯勒一所基督教神迹派教堂的牧师；格伦赢得了众多信徒的追随，因为他的肩上总是盘踞着巨大的响尾蛇，兜里还揣着几条小蛇，他相信祈祷足以让自己免遭蛇毒之害。萨默福德的妻子达琳（Darlene）也是一位耍蛇人；她在钱包里放着自己心爱的蛇的照片，就像骄傲的母亲随身携带孩子的照片一样。这对夫妻在自家的棚子里养了超过12条毒蛇，其中包括西部菱背响尾蛇（western diamondback）和森林响尾蛇（canebrake rattler）。虽然格伦在信众面前宛如圣徒，但他心中的恶魔却从未真正消失。1992年2月，格伦被告上了法庭，罪名是企图利用蛇实施谋杀。

从表面上看，毒杀简直是完美的犯罪。你可以把有毒动物的袭击伪装成意外，谁也不会多想。众所周知，有毒动物常常带来意外死亡，你只需要设法弄来一条致命的蛇、一只蜘蛛或蝎子，让它螫咬受害者，谁也看不出来这是一场谋杀。不过，还有一个小问题：实施计划之前，你得弄到这种致命的动物，还得把它养起来。然而对格伦来说，这完全不是问题。他不缺蛇。

根据达琳的说法，1991年10月的某天，格伦喝醉了。[43]确切地说，他喝得酩酊大醉。他抓住达琳的头发，用枪抵着她的头，把她拖到养蛇的棚子里，强迫她把手伸进西部菱背响尾蛇所在的盒子。顺理成章地，那条蛇咬了她。达琳的手立即肿了起来，这时候，格伦押着她去办各种琐事——去音像店归还影碟，去商店买酒——然后开车带着她回到家里。他再次把她押进蛇棚，让她去抓一条被激怒的森林响尾蛇。毒素在达琳的血管中流淌，她无力地躺在沙发上，意识开始变得模糊。格伦逼着妻子写了两份自杀遗书，然后就醉得睡了过去。看到丈夫睡着了，达琳艰难地爬进厨房，给自己的妹妹打了个求救电话。她在医院里住了好几天，终于捡回了一条命。

当然，这个故事在格伦嘴里有另一个截然不同的版本。"我相信她去抓蛇是想趁我睡着把我干掉。"他说。按照格伦的说法，他的妻子背叛了他，但没有透露她有哪些不忠行为。格伦说达琳想结束这段婚姻，所以趁他睡着的时候溜进蛇棚，企图抓一条蛇来杀死他，结果自己却被咬了一口。"但我手里没有证据。"法官采信了达琳的说法，格伦因企图杀妻被判处99年监禁。似乎谁也不知道他们养的蛇下落如何。[44]

蛇的身影也出现在另一些臭名昭著的失败谋杀案中。1942年，罗伯特·"响尾蛇"·詹姆斯（Robert "Rattlesnake" James）创造了历史：他成为美国加州最后一个被处以绞刑的人。[45]詹姆斯谋杀了自己的第三任妻子以骗取人身保险，却在保险公司的调查中东窗事发。这位罪犯试图把谋杀伪装成意外，他从朋友手里买来响尾蛇，让它们咬了妻子的腿。但是几小时后她还没死，詹姆斯失去了耐心，直接把妻子按在浴缸里淹死，又把她的尸体扔进了自家鱼塘，企图制造意外事故的假象。

当然，要是你不想被咬伤，你也可以雇一个对蛇更熟悉的人来替你杀人。印度就曾有人因财产纠纷雇了绑匪和耍蛇人来杀害自己年迈的父母。[46] 根据警察的说法，这对老夫妇和他们的司机遭到了绑架；司机被押到了另一辆车上，耍蛇人钻进乘客席，驱使一条印度眼镜蛇咬了两位受害者。老夫妇立即倒下了，绑匪命令司机开车送他们去医院，还让他告诉别人这两个人被蛇咬了。蛇毒在一小时内就夺走了两位老人的生命，但后来警察抓住了躲在幕后的儿子和他的共犯，几个人都被判了刑，因为根据印度的法律，雇凶杀人案的所有参与者罪责相同。

　　故意让蛇咬人也不一定都是谋杀。传说埃及女王克娄巴特拉就是让毒蛇（很可能是一条埃及眼镜蛇）咬自己的胳膊来自杀的。罗马统治者屋大维（Octavian，后来他被尊称为"奥古斯都"）特别喜欢这个故事，所以他在克娄巴特拉的雕像上放了一条蛇，然后让人抬着雕像在街上游行，以炫耀自己的战功。[47] 这样的死法相当高尚，非常适合这位伟大的女王，因为埃及人认为，被蛇咬死的人将获得灵魂的永生。[48] 在亚历山大，人们认为蛇咬是一种人道的处决方式，[49] 但在其他很多文化中，最穷凶极恶的罪犯才会遭受蛇咬至死的惩罚。欧洲人将蛇刑视为最残忍的处决方式，臭名昭著的维京征服者拉格纳·洛德布罗克（Ragnar Lothbrok）就得到了这样的"礼遇"，他曾大规模劫掠英国乡村，造成无数死伤。[50]

　　　　　有毒：从致命武器到救命解药，看地球致命毒物如何成为生化大师

幸运的是，我们能在已知最早的医学文献中找到针对蛇毒的建议治疗方式，然而直到今天，哪怕我们已经有了抗毒血清和现代的医学技术，全球每年死于蛇咬的人仍有十万之众。[51] 居高不下的死亡人数让我们特别惧怕这些舌头分叉的爬行动物，但在历史上，这样的恐惧常常化为尊崇。许多早期文明都崇敬蛇，伊甸园中的毒蛇更是知识与邪恶的象征，[52] 而在许多亚洲文化中，蛇常常代表着智慧和优雅。[53]

从演化的角度来看，这样的崇敬事出有因：死亡人数众多意味着蛇对我们的演化影响重大。要是你去问琳内·伊斯贝尔（Lynne Isbell，她是美国加利福尼亚大学戴维斯分校的人类学教授），她会告诉你，蛇对我们的影响十分深远，人类大脑的演化很可能就是由蛇驱动的。

关于人类为何会演化成今天这样——基本无毛的两足智慧生物——科学家仍争论不休。有一个问题特别引人注目：与其他哺乳动物相比，我们的大脑为什么这么大？为了解释这个现象，研究者提出了很多假说。最流行的理论认为，灵长目动物生活在林木高处，所以我们特别需要准确的视觉来辅助抓握，更大的脑子不过是这种需求带来的副产品。更好的手眼协调能力不仅能提升移动效率，也能帮助我们采集新的食物（花朵和水果）。在那个时期，现代植物的祖先刚刚学会了开花结果。这套理论的核心在于视觉的重要地位：巨大的大脑不是为了思考或推理而演化出来的，而是为了更迅速地处理视觉信息。其他哺乳动物的演化偏向于嗅觉或听觉，但灵长类专注于视觉。

虽然灵长类树栖的生活方式和对水果的偏爱可能的确影响了视觉系统的演化，但来自掠食者的压力才是我们需要准确视觉的真正原因[54]——琳内·伊斯贝尔是第一个提出这种观点的人类学家。蛇捕食哺乳动物的历史长达数百万年，它们不仅存在于我们周围，伊斯贝尔相信，蛇的存在还帮助众多哺乳动物演化出了更好的视觉。她还提到，根据蛇检测理论（Snake Detection Theory），在我们的祖先与狐猴（lemurs）及其他早期灵长类动物发生分化时，那些熟悉的掠食者迫使它们做出了适应性的演化。大约6000万年前，亚洲和非洲的蛇毒性变得更强（但科学家尚未确定这一变化的原因为何），蝰蛇科（Viperidae）和眼镜蛇科（Elapidae）就是在这时候出现的。

有了更先进的投毒系统，蛇的杀戮效率变得更高。能杀死人类的蛇几乎都属于这两个科。蝰蛇科（通常简称为"蝰蛇"）长着长长的毒牙，它的成员包括大名鼎鼎的响尾蛇和其他臭名昭著的蝮蛇，例如真蝰亚科（Viperinae）的诸多物种；而眼镜蛇科（眼镜蛇）拥有地球上毒性最强的蛇，例如内陆太攀蛇和黑曼巴蛇（black mamba）。这些物种的出现改变了灵长类和蛇类之间的关系。这些蜿蜒滑动的凶兽带来了更大的威胁。蛇类的狩猎方式也发生了变化，它们会纹丝不动地潜伏起来，直到最后一刻才骤然出击。能够探测到这些隐蔽掠食者的灵长类动物才有更大的概率生存繁衍，而要发现潜伏的蛇，你需要敏锐的三维视觉和看破伪装、识别形状的能力。

虽然所有灵长类动物都擅长探测蛇，但我们所在的支系——狭鼻小目——更胜一筹。这很合理，因为其他灵长目动物进入新世界的时间比毒蛇更早，在很长一段时间里不必面临蛇带来的生存压力，所以它们对增强视觉的需求也没有那么迫切，例如我们的南美表亲阔鼻小目。从3200万年前到1200万年前之间的某个时间，致命的蛇类才追上了阔鼻小目的步伐。如果伊斯贝尔的假说正确，那么这些新世界猴子的视觉系统的演化会有更多变数，因为不必步步提防毒蛇，所以它们的视觉有更宽泛的波动空间。[55]但留在旧世界的灵长类（包括类人猿）则没有这种喘息之机，所以它们的视觉系统发展方向格外狭窄——变得格外擅长探测蛇。

包括人类在内的所有灵长类动物都天生怕蛇。[56]我们也十分擅长发现蛇的踪迹，无论是在杂乱的环境中还是在视野边缘，我们都能探测到蛇的存在。在同样的条件下，蜘蛛和其他危险动物就没那么容易被我们发现了。[57]有时候我们的眼睛甚至先于意识发现蛇，这种现象叫作"前意识检测"（preconscious detection）。如果有蛇的图片从电脑屏幕上闪过，

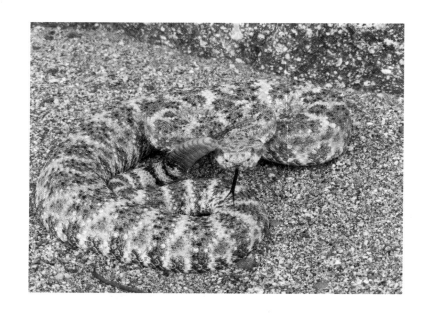

我们的眼睛能够轻松探测到这条小斑响尾蛇（speckled rattlesnake），尽
管它的伪装十分高明

（© Chip Cochran）

有毒：从致命武器到救命解药，看地球致命毒物如何成为生化大师

哪怕速度快得让人无法看清，我们也会产生生理性的焦虑；而蘑菇和花朵等无威胁的图形则不会引发这样的反应。[58]这意味着，为了躲避蛇，我们的眼睛和视觉神经发生了针对性的演化。

为了发现掠食者，动物会着重发展某个感官，例如嗅觉。我们的祖先选择视觉或许是出于树栖的习性和对水果的偏好，但根据蛇检测理论，维持演化压力的是致命的蛇。敏锐的视觉需要复杂的神经网络，这样的需求迫使我们的脑部进一步发育。此外，高糖膳食也为颅骨的膨胀提供了必要的能量。多谢毒蛇为我们所在的支系搭好了舞台，于是我们的大脑变得越来越大。伊斯贝尔还提出，双足行走为我们的祖先提供了最后一点儿推力——双手被解放出来，[59]手势和声音的结合让交流变得更加高效，最终催动了语言的诞生，于是社交变得更加复杂，这又促使人类庞大的脑部出现更多变化。接下来就是人们所说的有文字记载的历史了。

我们与蛇的关系纵贯历史，对人类来说，蛇始终是致命的威胁之一。但要是以年致死人数而论，最致命的有毒动物并不是蛇；实际上，这份榜单的冠军相当出人意料。或许是蛛形纲（arachnids），比如说黑寡妇蜘蛛？差得远。那熊蜂（humble honeybee）呢？的确，在美国，蜂类及其亲缘物种每年杀死的人数比蛇、蝎子和蜘蛛加起来还多，确切地说，前者是后者的10倍。[60] 而大部分人不会认为包括蜜蜂、胡蜂和蚁类在内的膜翅目（hymenoptera）有资格竞争"地球最致命有毒动物"的头衔，但实际上，从年致死人数的角度来说，它们完全有能力问鼎冠军。当然，膜翅目杀人凭借的绝不是低 LD_{50} 值，更不是高致死率。事实上，原因在于蜂螫事件出现的频率极高，而昆虫毒素中的某些蛋白质极易引起过敏，所以因蜂螫而丧命的人通常死于过敏性休克。但膜翅目依然不是致死冠军。到底哪种有毒动物每年会杀死成千上万人（比其他有毒动物高出几个数量级），甚至比人类自相残杀杀死的人还多？答案是蚊科（Culicidae）动物，或者说，蚊子。

蚊子注射毒素是为了更轻松地吸血。它们会利用血管扩张剂（能够扩张血管、加快血液流速的化合物）、抗凝剂和抗血小板剂来确保伤口在吸血期间保持开放，而抗炎化合物能防止免疫系统发出昭示它们侵袭的信号。蚊子的毒素完美契合它们食血为生（或者说吸血）[61] 的生活方式，我们常常要等到它们扬长而去很久以后才会发现自己中毒了。这种毒素的急性毒性不强，所以蚊子叮咬的致死率低得惊人：我这辈子被蚊子咬过几百次，但我还是活得好好的。很少有人对蚊叮过敏，所以过敏也不是主要的致死原因。实际上，蚊毒的致命威胁并非来自毒素本身，而是因为潜在的另一些东西：蚊子会传播多种传染病，包括疟疾、登革热和黄热病等。

有毒：从致命武器到救命解药，看地球致命毒物如何成为生化大师

虽然蚊子的致命性几乎完全来自其体内的"搭车客"，但要不是蚊子有毒，它也不会成为如此理想的疾病传播者。毒素让疾病能够轻而易举地进入我们的循环系统，在它注射毒液的过程中，疾病得以悄无声息地钻进不幸的宿主体内。所以有毒的天性的确是蚊子杀人无数的直接原因。

死于蚊叮的人到底有多少呢？疟疾每年会带走超过60万[62]条生命，加上黄热病杀死的3万人[63]，登革热的1.2万人[64]和流行性乙型脑炎的2万人[65]，还得算上基孔肯雅热、西尼罗热、裂谷热和其他脑炎；除此以外，因淋巴丝虫病（象皮病）而受到伤害的人多达4000万之众[66]，虽然这种疾病不会致命，但很多患者永远地告别了正常的生活。蚊子传播的新疾病还在不断涌现，例如寨卡病毒。每年因蚊子而死的人这么多，也许你不禁会问，我们为何不干脆彻底消灭这些魔鬼？

事实上，深受尊敬的《自然》（Nature）期刊问过科学家们，蚊子灭绝会产生什么影响。[67]有人认为影响不大，但也有人提出，蚊子的消失将无可避免地增大其他昆虫面临的掠食者压力，而且可能带来无法预见的后果。蚊子的幼虫在水生生态系统中占据着可观的生物量，它们也是湿地生态系统运作的重要组成部分。虽然对大多数物种来说，蚊子并非唯一的食物来源，但失去这么大一块生物量必然影响鱼、蛙和蝙蝠等日常以蚊子为食的物种。同样地，蚊子的灭绝还会影响靠它们授粉的植物，这些植物甚至可能随之消失。

不过最大的影响或许来自蚊子进食方式的消亡。北极圈内的蚊子数量众多，为了躲开这些恼人的飞虫，驯鹿群甚至可能改变迁徙路线。据我们所知，这种吸血昆虫每天能从驯鹿群中的每一头驯鹿身上吸走300毫升血液，这个数量几乎相当于一罐汽水。[68]难怪驯鹿不惜绕路也要避开它们。驯鹿群里常有成千上万头驯鹿，对于规模如此庞大的兽群来说，它们的行动路线只要改变一点点，就足以对所经之处的土地产生惊人的影响。毫无疑问，蚊子的消失必将影响北极和世界上的每一个角落。

有的变化可能值得我们喝彩。我们早已发现，禽疟疾对鸟类来说是个大麻烦，正如疟疾之于人类。举个例子，在蚊子被引入夏威夷之前，当地的鸟类原本不必害怕这种寄生虫疾病。但随着蚊子的到来，禽疟疾也随之泛滥。现在，随着蚊子的肆虐，夏威夷的本地物种正在加速灭绝。[69]蚊子无法在高海拔地区存活，因为那里的气温太低；出于这个原因，生活在高海拔地区的鸟类不会遭到这种吸血害虫的侵扰。所以毛伊岛和夏威夷岛上最高的那几座山峰成了鸟类最后的避难所。

不过，如果有人觉得将2500种蚊子彻底从这颗星球上抹除不会造成任何严重的后果，只能说明他要么极度无知，要么极度狂妄。蚊子在地球上已经生活了数亿年，在漫长的演化过程中，它们和无数物种产生了密切的联系，其中也包括人类。蚊子让全球人口数量保持在一定水平以下，它们对我

有毒：从致命武器到救命解药，看地球致命毒物如何成为生化大师

们的影响深达基因层面。比如说，为了对抗蚊子的负面影响，部分人群的镰状细胞变得更加顽强。要是蚊子彻底灭绝，光是我们这个物种就将受到极大的影响。消灭蚊子就像是往池塘里扔一块石头，石头的落点将出现一朵巨大的水花，涟漪还会一圈圈向外扩散。

此外，我们才刚刚开始理解这些吸血者在化学领域的精妙成就。蚊子的毒素可以算是最简单的，只有几十种主要的毒质成分，即便如此，这些成分各自的作用我们也还没有完全弄清楚。在毒素中寻找药物的新浪潮方兴未艾，对我们来说，在摧毁这些"生物化学工程师"之前先搞清楚它们创造的分子，或许是更审慎的选择。

无论如何，毒素致命的特性点燃了科学的火花，也引发了迷信的崇拜，纵观历史，毒素深深吸引着一些伟大的头脑。要不是毒素如此致命，人类不会花费如此多的时间和精力来研究制造毒素的动物，探寻它们以何种方式操控人体内生死攸关的重要系统；我们也不会知道，这些毒质到底有多么复杂，多么不可思议。要不是有毒动物如此危险，它们也不会在全球生态系统中扮演如此重要的角色。

无论毒蛇是否真的促进了人类脑部的发展，至少有一点毫无疑问：它们致命的天性的确影响了人类的演化，时至今日，尽管我们已经不再是毒蛇的食物，但它们仍在继续影响我们。我们知道，历史上其他有毒物种也曾影响过我们的演化，引发人类基因层面的突变，例如蚊子。无论我们喜欢与否，事实都无可争议：在演化的过程中，作为我们的"敌人"，有毒动物帮助我们变成了今天的样子。同样的，它们还必将影响我们的未来。从演化的角度来说，和本书即将介绍的其他一些物种一样，我们的演化命运永远和蛇、水母及其他有毒生命交织在一起。

　有毒：从致命武器到救命解药，看地球致命毒物如何成为生化大师

Chapter **3** | 猫鼬与人
Of
Mongeese
and Men

无数恐怖的想法从我脑子里掠过，在那疯狂的时刻，我解冻了毒素，用胰岛素注射器抽了 1 毫升，然后清洁了自己左臂上的一块皮肤。我屏住呼吸，将针头扎进皮下，推动了活塞。[1]

——乔尔·拉罗克（Joel La Rocque）

仔细想想，你会发现蛇其实没那么可怕。蛇的皮肤薄而脆弱，很难保护身体；骨头脆弱易碎，很容易被咬碎。真的，要不是有强效的毒质，蛇类必将成为众多物种偏爱的弱小猎物。巨大的蟒蛇和水蟒或许能靠体形来对抗个头较小的掠食者，但大部分蛇类体形瘦小，除了毒牙外别无倚仗——所以无毒的蛇通常靠速度或伪装保命。有的蛇甚至会伪装成毒性更强的近亲蛇类，借此骗过可怕的敌人。事实上，深植于人类基因中的恐惧为蛇类带来了莫大的好处，这全都应该归功于相对而言为数不多的毒蛇。无论是对我们，还是对它们的掠食者和猎物来说，毒蛇最可怕的是强效的毒素，这一点它们自己也很清楚。一旦别的动物靠得太近，它们很乐意宣示自己的强硬态度。响尾蛇会摇尾巴；鼓腹咝蝰（puff adder）会吸入空气，让自己的身体变得更大并发出响亮的咝咝声；眼镜蛇会张大颈部，充满自信地瞪着任何敢于靠近的对手。

但仍有一些动物毫不在乎眼前的蛇到底有没有毒，它们铁了心要吃掉对方。有毒蛇的地方就至少有一种它们的天敌，这些物种能够轻而易举地把世界上最强大的掠食者变成自己的盘中餐。这样的动物被称为"蛇食者"（ophiophagous），它们以蛇为食。除了同样的食性，这些来自不同支系的动物似乎没有什么明显的联系。和不吃蛇的亲缘种相比，蛇食者似乎没什么特别的优势。尽管它们的猎物如此危险，但它们没有坚韧的皮肤，形态上也看不出特异之处。而且据我们所知，没有哪种蛇食者专门以蛇为食，它们的食谱中还有其他很多物种，例如爬行动物和小型哺乳动物，有时候还包括鸟类。但蛇食者的确有一个共同点：它们都拥有对抗最强蛇毒的神秘能力。面对足以轻松杀死人类的毒素，这些凶残的小生物几乎无动于衷，食蛇的天性和无畏的勇气让某些蛇食者成了人类心目中凶猛的动物。举例来说，鲁德亚德·吉卜林（Rudyard Kipling）在《丛林之书》（*The Jungle Book*）中就讲了这样一个故事：一只名叫"里基-蒂基-塔维"（Rikki-tikki-tavi）的年轻猫鼬从眼镜蛇口中救下了一对生活在印度的英国夫妇——这样的行为通常会赢得"英勇""勇敢"之类的赞誉。但蜜獾、几种吃蛇的负鼠、至少两种刺猬、名副其实的食蛇鹰、某些

有毒：从致命武器到救命解药，看地球致命毒物如何成为生化大师

"猫鼬与毒蛇之战"，这幅水彩画描绘了蛇食者和猎物之间由来已久的战争

种类的臭鼬及"英勇的"猫鼬，这些蛇食者其实并不勇敢，因为要获得勇敢的美名，你至少得面临真正的危险。实际上，这些动物根本不怕蛇，因为它们演化出了分子层面的机制，足以抵消蛇毒的侵害。

在亿万年的时间中，有毒动物演化出了强效毒素来击溃猎物最关键的系统。同样的，也有一些物种演化出了强大的防御机制，足以对抗最强的毒素。这种惊人的适应性特征来自于共同演化（coevolution），我们可以认为这是因为两个（或更多）物种有着极为深刻的相互影响。从生态学的角度来看，高频率的互动（例如掠食者和猎物的互动）让不同的物种变得密不可分。举个例子，要是羚羊奔跑的速度变得更快，猎豹就必须追上它们的脚步，否则只能挨饿。一旦某个物种发生了变化，另一个物种就将面临极强的选择压力，否则就会灭绝。蛇的毒素不仅可以用来捕猎，它同样是一种绝佳的自卫武器。所以，偶然获得的哪怕一点点对蛇毒的抗性也为蛇食者带来了好处，让它们能够一直以蛇为食。与其他同类相比，额外的食物来源让蛇食者有更多的机会生存繁衍。随着时间的流逝，它们对蛇毒的抗性变得越来越强。但具体的过程到底是什么样的呢？科学家正开始探索这些动物不畏蛇毒的分子机制，他们还想弄清，包括人类在内的其他物种是否也能获得同样的抗蛇毒能力。

我们早已解开了这个谜团的一部分：科学家知道，所有哺乳动物的免疫系统都有一定的抗毒能力；唯一的问题在于，它们的响应速度和强度是否足以确保生存。对于进入体内的异物，哺乳动物的免疫系统会做出两种同等重要的响应：固有免疫和特异性免疫。面对入侵者，无论是细菌、病毒还是毒素，固有免疫系统都负责组织第一道防线。另一方面，特异性免疫系统会"记住"曾经出现过的入侵者，如果同样的敌人再次来袭，我们就能做出更好的应对。

哺乳动物的身体有很多方式可以预防外来粒子跑到不该去的地方。我们的皮肤及鼻子、喉咙和肠道里的黏液层不仅是天然的物理屏障，还会不断分泌抗菌化合物。一旦身体探测到有入侵者越过了第一道屏障，固有免疫系统就会立即启动。受伤或被感染的细胞会释放化合物，告诉附近的免疫细胞自己遇到了麻烦。含有组胺（histamine，一种血管扩张剂，可以扩张血管、刺激血液流动）和肝素（heparin，抗凝剂）的肥大细胞（mast cell）会配合身体的自卫军巨噬细胞（macrophage，能吞噬任何异物）发起攻击，触发炎症反应。炎症会导致发热、红肿和疼痛，你或许会觉得它是一种很不舒服的副作用，但事实上，身体会利用这种精妙的反应来杀灭特定类型的细菌和病毒，同时尽量控制对自身的损害。

巨噬细胞大显身手，"吃掉"细菌、病毒和其他外来粒子，这个过程叫作"吞噬作用"（phagocytosis）。入侵物质进入巨噬细胞后，立即会被存储在专门隔腔里的酶撕成碎片。如果巨噬细胞无法迅速消灭所有入侵者，它们就会释放出化合物来吸引中性粒细胞（neutrophils），这种白细胞同样可以吞噬、摧毁异物。除了发挥吞噬作用，中性粒细胞还会加剧局部炎症、释放毒质、设置用DNA搭建的陷阱。

固有免疫系统和不速之客之间的战斗仍在继续，特异性免疫系统也开始介入。树突状细胞（dendritic cell）出现在发炎的地方，囫囵吞掉细菌、病毒、蛋白质和其他外来粒子并把它们撕碎，就像巨噬细胞一样。不过树突状细胞不会恋战，它们会带着珍贵的"货物"奔向最近的淋巴结，利用一种名为"主要组织相容性复合体"（MHC）的蛋白质分子将搜集到的敌人碎片排出细胞膜，呈现给T细胞。所有T细胞天生拥有特殊的受体，如果某些T细胞的受体与树突状细胞的呈现物发生契合，它们就会被激活。激活后的T细胞开始疯狂分裂，其中部分克隆体作为记忆T细胞停留在附近（准备应对同样的入侵者再次来袭），其余克隆体则转化为杀伤性T细胞去增援巨噬细胞和中性粒细胞。特异性免疫系统激活的第三支队伍是B细胞，它们是生产抗体的工厂。和T细胞一样，B细胞也有特殊的受体，所以面对特定的T细胞，并不是每个B细胞都会做出反应。不过一旦被激活，B细胞也会疯狂繁殖出无数克隆体，其中大部分克隆体会制造专门的抗体来抵御最初激发T细胞的入侵者，不过仍有部分克隆体会养精蓄锐，转化为记忆B细胞。

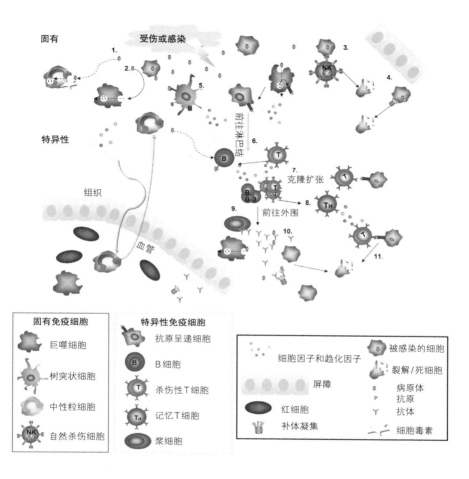

固有　　受伤或感染　　NK

1.

2.

3.

4.

5.

特异性　　前往淋巴结

组织　　B　　T

6.

7. 克隆扩张

血管　　B B 3　T T

8. TH

9. 前往外围

10.

11.

固有免疫细胞	特异性免疫细胞
巨噬细胞	抗原呈递细胞
树突状细胞	B 细胞
中性粒细胞	杀伤性 T 细胞
自然杀伤细胞	记忆 T 细胞
	浆细胞

细胞因子和趋化因子　　被感染的细胞

屏障　　裂解 / 死细胞

红细胞　　病原体

补体凝集　　抗原

抗体

细胞毒素

特异性免疫系统和固有免疫系统
(© Garay and McAllister，2010)

在抗体、T细胞、巨噬细胞和中性粒细胞的联合攻击下，入侵者很可能会被打败，最终一切会恢复正常。但是，如果同样的入侵者再次出现，记忆T细胞和B细胞就已做好准备，它们可以做出更快的反应，你的免疫力就是这样发展起来的。例如，疫苗就是利用身体天然的免疫反应来人为地训练你的特异性免疫系统。从本质上说，疫苗会激发整套免疫系统做出反应，集结T细胞和B细胞，为身体创造一份针对这种病原体化合物的记忆，但你却不必真正染病。疫苗的成分要么是病原体的蛋白质片段（科学家通过辐射或其他手段杀死病毒，将之制成疫苗），要么是经过人工削弱的"活体"病毒或细菌，所以它们不会像毒性更强的表亲那样造成严重的损伤。科学家常常还会在疫苗中添加佐剂，这些化合物可以辅助激发我们的免疫系统功能。

能激发免疫系统的不仅是细菌和病毒，毒素也会引发免疫反应，科学家正是利用了这一点，才创造出目前最有效的解毒药：抗毒血清。抗体的威力大得惊人。它们不光能锁定异物粒子、发送信号让免疫细胞赶来摧毁敌人，如果入侵者是某种酶或者某种信号蛋白，抗体常常还能限制对方发挥功能。要是被蛇或其他致命毒物螫咬的人能够迅速制造出足够的抗体来保护自己、对抗毒素，那实在是再好不过了，但毒素通常威力巨大、起效极快，人们很少能坚持足够长的时间，让特异性免疫系统充分发挥作用。等到免疫系统进入激活

B细胞的阶段，身体组织说不定已经遭到了严重破坏，或者陷入了危及生命的瘫痪状态。要是能有办法以更快的速度集结起针对毒质的抗体就好了……别急，确实有办法！这多亏了19世纪末那些勇于探索的科学家。办法就是抗毒血清的本质：提前准备好的针对特定毒质的抗体。

目前我们主要利用活体动物的免疫系统来制造抗毒血清。马是最优的选择，因为它们的体形够大（这意味着科学家注射的毒素剂量更不容易杀死它们，而且马的血量比较多，每次可供提取的含抗体血清量也更多）、易于繁殖圈养，山羊和绵羊也是常用的动物。除此以外，科学家还会用其他动物来制造抗毒血清，甚至包括猫和鲨鱼。为了让这些动物产生抗体，科学家会将精心计算过剂量的毒素和佐剂一起注入它们体内，这个过程和疫苗的起效流程十分相似。如果进展顺利，实验动物在产生免疫反应的同时没有出现不良反应，科学家就会继续给它注射几次。每次注射的具体化合物种类、注射部位和注射频率通常是抗毒血清制造商的技术机密，科学家总有法子弄到他们想要的抗体。

几周后，实验动物就可以接受抽血了。鉴于能够中和毒素的抗体存在于马的血液中，所以可怕的抽血环节是无法绕过的。根据世界卫生组织（WHO）的指南，提取抗体通常需要抽取 3 ～ 6 升血。[2]科学家把抽出的血送入离心机，将实验动物的血细胞与携带抗体的血清分开。离心机开始转动后，较重的细胞会聚集到管子底部，富含抗体的血浆则留在顶部。然后科学家通过一系列的提纯步骤，尽量将救命的抗体与"垃圾"（非抗体蛋白质）分离开来，最终得到专门针对某种毒素的抗体组成的混合物，它可以有效地救助中了蛇毒或其他危险毒素的人。宿主（实验动物）并非人类，但这并不重要，它们血液中的抗体会锁定毒素蛋白质，阻止它们四处肆虐，就像我们的身体产生的免疫反应一样。

毫无疑问，抗毒血清从那些曾被视为绝对致命的物种手中挽回了无数生命，但它并不完美。抗毒血清的制造成本高昂，需要不断给动物注射毒素来刺激抗体的生成，因为免疫反应在几个月后就会逐渐减弱。而且利用动物制造的抗毒血清保存期限很短，所以生产此类产品的制药公司必须不断更新库存，才能顺利地把产品卖给医院、医生、爬行动物养殖者、动物园和其他愿意付高价储备抗毒血清的人。对于某些蛇类来说，弄到足够多的毒素还不算难，但对于另一些物种（譬如蜘蛛或水母）来说，你几乎不可能提取到那么多的毒液，因为它们要么体形太小，要么不易提取，要么过于罕见。此外，抗毒血清通常只针对特定的某种或某几种有毒动物，对其他毒素完全无效，哪怕毒素来自相近的物种。某些蛇类的毒素成分变数太大，同样的抗毒血清甚至无法同时适用于相隔几百千米的同一个物种！

不过，目前我们制造的抗毒血清的最大缺陷在于，由于它是利用其他动物制造出来的，所以在注射进人体时必然会引入大量不属于人类的蛋白质，其中任何一种都可能引发过敏或其他我们不希望看到的免疫反应。接受抗毒血清治疗的蛇咬伤者出现严重副作用的概率高达43%～81%[3]，但至少他们活了下来。

新一代的抗毒血清研究者正在设法解决上述问题，有人采用了新的技术来进一步提纯动物血清，也有人在尝试制造适用于多个有毒物种的广谱抗毒血清。一个新的学科——抗毒素组学——已经诞生，该领域的科学家正在利用最前沿的免疫学和分子手段来净化抗毒血清。他们的基本思路是这样的：抗毒血清是各种抗体的混合物，其中很多抗体实际上并不针对毒素中最致命的成分。科学家估计，抗毒血清蛋白质中真正发挥中和毒素作用的核心成分占比还不到5%。通过精密的筛选机制，科学家可以分离出这关键的5%，抛弃可能引发副作用的大量分子。利用类似的办法，研究者还能筛选已有的抗毒血清，看它们是否能对其他物种的毒素起效，或者将不同毒素的抗体混合起来，制造出适用于多个物种的广谱抗毒血清。抗毒素组学科学家最大的"野心"是制造出一种适用于目标地区（譬如非洲或印度）所有蛇毒的通用抗毒血清。

不过要解决全球范围内的中毒问题，抗毒血清并不是唯一的办法。有的科学家正在深入探查其他动物抵抗致命毒素的原理，希望借此找到适用于人类的更好的抗毒疗法。免疫毒素的传说多如牛毛，例如现在家喻户晓的蜜獾，这种动物神奇的抗毒能力通过美国《国家地理》（*National Geographic*）的一段视频传遍了全球。但目前科学家还只深入研究过有限的几个物种，确定它们为什么能够不受致命毒素的侵害，以及我们是否可以借鉴它们的生物化学策略来自保。

　　研究免疫主要有两种途径：一种是体内激发，研究者将已知剂量的毒素注入受试动物体内来激发免疫反应；另一种是体外研究，科学家将动物细胞或体液（通常是血清）与毒素在培养皿内混合，观察这些细胞能否通过某种生物检定来抵消毒素的影响。最早的一些研究甚至会提取猫鼬或负鼠的血清，将之与致命剂量的蛇毒混合后直接注入小鼠体内，观察小鼠能否幸存。这两种主流研究方法测量的是完全不同的东西：如果某种动物能够抵抗直接注入体内的毒液，那么它显然拥有某种程度的免疫力，但我们只知道它通过某种方式活了下来，仅此而已；要是某种动物的血液能够削弱毒素，那我们就能明确地知道，帮助它幸存下来的是某种可转移的物质，所以对药学研究来说，体外实验无疑更有意义。

　　地球上蛇毒抗性最强的是那些日常以蛇为食的动物。以蝰蛇和其他剧毒蛇类为食的物种数量多得惊人，其中最广为人知的包括蜜獾、猫鼬、负鼠和刺猬。除此以外，某些种类的獾、鼬、臭鼬甚至猫也会捕食毒蛇。据我们所知，以毒蛇为食的哺乳动物至少有48种，分布范围横跨六个目，但我们还不清楚这其中有多少物种能够抵抗防御性蛇咬伤，它们中的大多数从未接受过抗毒素测试。不过，的确有一些动物对蛇毒表现出了惊人的抗性。负鼠能耐受的蝰蛇蛇毒剂量是小鼠或人类的 40 ～ 80 倍。[4] 而且，吸引我们目光的不仅仅是蛇食者，以其他有毒动物为食的一些物种也表现出了相似的抗毒性。比如说，吃树皮蝎（bark scorpion）的沙居食蝗鼠（grasshopper mice）对这种蛛形纲猎物的毒素有极强的抗性，它们能耐受的蝎毒剂量是普通实验室小鼠的 3 ～ 20 倍。[5]

除了哺乳动物，短趾雕属（Circaetus）的鸟类也以捕食毒蛇著称，它们甚至因此获得了"食蛇鹰"的美称。初步研究表明，作为短趾雕属的成员之一，短趾雕（short-toed eagle）血清中的蛋白质能中和蝰蛇毒素。[6] 蜥蜴也能抵抗有毒猎物的毒牙。有传闻称，某些种类的蜥蜴能抵抗蝎螫，但被验证过的只有扇趾守宫（fan-fingered gecko）一种。扇趾守宫原产于中东地区，它能抵抗黄蝎（yellow scorpion）的毒素。这种小蜥蜴能耐受的蝎毒剂量相当于小鼠实验 LD_{50} 值的 4000 倍[7]，黄蝎需要螫 100 次才能释放出这么多毒素。得克萨斯角蜥（Texas horned lizard）擅长捕食收获蚁，这种蚂蚁是膜翅目中毒性最强的物种（它的 LD_{50} 值是 0.12mg/kg）。[8] 得克萨斯角蜥对收获蚁毒素的耐受力相当惊人：用这种蜥蜴做实验得出的 LD_{50} 值是小鼠实验的 1500 倍！[9]

有时候，被有毒动物捕食的物种也会表现出一定的抗毒性。20世纪70年代，美国得克萨斯州的科学家做出了哺乳动物毒素免疫研究领域最有趣的一个实验。[10]当时他们打算用林鼠（woodrat）来喂养西部菱背响尾蛇，因为实验室里正好有这种鼠，而且它看起来很适合喂蛇。然而出乎意料的是，面对饥饿的毒蛇，被扔进笼子的林鼠不但活得好好的，有时候甚至还能靠爪子和牙齿杀死响尾蛇。作为优秀的科学家，这些研究者立即抓紧机会，开始研究这两种动物的互动，最后他们发现，林鼠的确能耐受响尾蛇毒素，这种抗性至少部分与它血清中的某种物质有关。研究者继续提纯林鼠的血清化合物，研究它如何对抗蛇毒的出血效果。[11]与此类似，某些被海蛇捕食的鳗鱼也能耐受高剂量的扁尾海蛇（sea krait）毒素，它们几乎完全不会中毒。[12]

此外，很多物种都能免疫自身或亲缘种的毒素。比如说，很多蛇类对同科其他物种的毒素有相当不错的免疫力，[13]但面对其他血缘关系较远的同类，它们依然很容易受到伤害——蝰蛇难以应对眼镜蛇的毒素，反之亦然，而这两个科的毒蛇都怕毒牙长在口腔后端的游蛇（colubrid）。游蛇属于游蛇科（Colubridae），这个家族的许多成员都是吃蛇的专家。游蛇科成员对其他蛇类的毒素有极强的抗性，例如佛州王蛇（Florida king snake）血液中的蛋白质能有效对抗食鱼蝮（cottonmouth）毒素的致命毒性。[14]

体内激发实验告诉我们，尽管蛇食者和被蛇捕食的物种

有毒：从致命武器到救命解药，看地球致命毒物如何成为生化大师

的确能抵抗某些蛇毒，但它们的防御系统无法对抗所有蛇类。负鼠能耐受多种蝰蛇的毒素，无论是美洲、非洲还是亚洲的蝰蛇都难以伤害它们，但面对眼镜蛇，它们照样束手无策。[15]刺猬（例如西欧刺猬）也能免疫蝰蛇毒素，埃及獴（Egyptian mongoose）更是对付蛇毒的杂家，它既能耐受蝰蛇毒素，又能免疫眼镜蛇毒，而且它的抗毒性极强，哪怕毒性最强的蛇也拿它无可奈何。在一项用埃及獴做受体的研究中，科学家不断增加 b 毒素肽（sarafotoxin-b，这是许多非洲毒蛇毒素中最致命的成分）的注射剂量，结果发现，这些小家伙儿不但能耐受 LD_{100} 的剂量（足以杀死所有受试小鼠的最小剂量），甚至当注射剂量增加到 LD_{100} 值的 13 倍时，它们仍安然无恙。[16]但奇怪的是，科学家将埃及獴的血与毒素混合后注入小鼠体内，却发现它不能带来任何保护。毫无疑问，这些动物的确能免疫毒素，但这种固有的免疫力似乎无法分享。[17]

埃及獴能免疫毒素，但它的血清却无法保护其他动物，是因为这种动物的抗毒适应机制实际上作用于被毒素攻击的细胞。埃及獴能对抗的蛇种拥有一个共同点：它们的毒素攻击的都是动物体内的烟碱型乙酰胆碱受体（nicotinic acetylcholine receptor）。这些胆碱受体能结合神经递质乙酰胆碱（acetylcholine），辅助建立神经通路，指挥细胞（尤其是肌肉细胞）收缩。蛇毒中的 α - 神经毒素 [α -neurotoxin，例如 α - 银环蛇毒素（alpha-bungarotoxin）]能够结合烟碱型受体，封锁它们的活性部位，阻断收缩神经信号，从而导致受害者迅速瘫痪乃至死亡。但埃及獴的这种受体和它的哺乳动物亲缘种有细微的差别。科学家发现，埃及獴的烟碱型乙酰胆碱受体活性部位中有5个小小的氨基酸发生了变异，所以它才能免疫以这种受体为目标的强效蛇毒。[18]此外，这5个变异的氨基酸中有3个出现在了中华眼镜蛇（Chinese cobra）体内，所以顺理成章地，中华眼镜蛇也能免疫此类毒素。

后来的研究表明，蜜獾、刺猬和猪的烟碱型乙酰胆碱受体中易被毒素攻击的部位也各自独立地演化出了功能类似的变异氨基酸，所以从本质上说，它们都能免疫此类蛇毒。在这三类动物体内，带正电的氨基酸取代了不带电的伙伴，所以α-神经毒素无法与它们结合。有的猫鼬也改良了自己的同一个部位，它们的氨基酸中含有大量的糖，科学家认为，这同样可以阻止毒素与受体结合，达到类似的抗毒效果。也就是说，对抗α-神经毒素型蛇毒的演化过程至少独立发生过四次。[19]

想想真是不可思议，这些动物竟能免疫这种目标明确的剧毒。烟碱型受体在细胞通信和神经信号通路中扮演着关键的角色，所以我们有理由认为，这种受体的基因序列变化是受到严格控制的。蛇毒瞄准的是动物体内的关键蛋白质，要维持身体机能，这些蛋白质必须与动物体内的其他分子产生正常的互动。所以，要是变异后的蛋白质无法完成自己的本职工作，那么动物就无法幸存。这类关键蛋白质的变异常常

有毒：从致命武器到救命解药，看地球致命毒物如何成为生化大师

会带来致命的后果。因此，猫鼬这样通过关键蛋白质变异来获得免疫力的情况在自然界中相当罕见，但也绝非孤例。

另一方面，负鼠的免疫力可以分享给其他动物，因为它们的抗毒能力有相当一部分来自血液中循环流动的抑毒化合物。[20]科学家已经从负鼠的血清中分离出了一些能够结合金属蛋白酶（metalloprotease，这种酶会造成致命的出血）等毒质并阻止它们起效的蛋白质。负鼠甚至能通过母乳将这些化合物传递给自己的后代。[21]刺猬的血液中也有能抑制蛇毒的特殊成分，其中包括巨球蛋白（macroglobulin，这种蛋白质的结构类似抗体，即免疫球蛋白），它能完全抑制蝰蛇毒素的出血效果，就像负鼠体内的金属蛋白酶抑制剂一样。[22]的确，虽然这两类动物截然不同，但它们体内的抗毒化合物却有诸多相似之处，这让我们看到了演化的趋同性。[23]

奇怪的地方在于，尽管食蛇物种演化出抗毒性相当合理，但以常理而论，被有毒动物捕食的物种似乎更有理由演化出类似的免疫力。归根结底，演化的"军备竞赛"就是这样进行的：掠食者的压力迫使猎物产生适应性演化，于是掠食者又得设法适应更狡猾的猎物，如此周而复始，生生不息。但实际上，拥有抗毒性的猎物种类比我们预期的少得多（美国得克萨斯州的林鼠算是个例外），而且它们抵抗毒素的能力也不如蛇食者。尽管有足够的证据表明毒素演化的速度极快，但我们却并未在猎物物种身上发现抗毒蛋白质快速演化的证据。

与此相对，我们倒是在以有毒动物类群为食的物种血清中探测到了抗毒蛋白质的快速演化，[24]这意味着毒蛇之所以会不断更新自己的毒质，至少部分是为了自卫。

猎物物种缺乏抗毒性还意味着从演化的角度来说，一定有某种约束条件让它们难以发展出抗毒性，否则绝不会出现如今的局面。也许对大多数猎物物种来说，抗毒化合物实在过于"昂贵"，毒素带来的威胁不值得让它们付出那么大的代价。我们对共同演化到底如何进行依然所知甚少，但通过对抗毒物种的研究，科学家得以掀开帘幕的一角，了解到更多的自然选择机制。

虽然我们还没弄清不同的物种如何演化出如此惊人的抗毒性，但科学家或许可以借鉴它们的生理学机制，研发出类似的蛋白质，为抗毒血清找到更廉价的替代品。不难想象，利用负鼠之类的物种带来的改良血清蛋白质，我们或许可以发明一种通用的解毒药，来应对各种致命毒素。

不过就算真能制造出通用解毒药，用药时也无法避免其他动物的蛋白质进入人体血液，这意味着，它同样可能带来不利的副作用。为了解决这个问题，有人提出了另一种截然不同的有趣思路：既然用于治疗蛇毒的药品中的大部分组织并非来自人体，那么我们能不能想个办法，利用人体（而非目前这些动物）来制造毒素抗体？史蒂夫·卢德温（Steve Ldwin）正是这条路上的先行者。

史蒂夫·卢德温不是科学家，也不是医生或研究者。20世纪80年代末，他从美国新英格兰地区的大学退学，来到英国伦敦寻找音乐方面的发展机会。他为史莱许（Slash）[1]写过歌，[25]还加入过几支乐队，甚至和科特妮·洛芙（Courtney Love）[2]约会过。[26]不过在公众眼中，史蒂夫之所以出名并不是因为他的摇滚生涯，而是因为他长期给自己注射蛇毒。

　　"我大约是在1988年或者1989年开始尝试毒素的。"史蒂夫告诉我。[27]那时候互联网还没有诞生，你没法从书本、论文或社交网站的群组中学习如何自我免疫——是的，如今这样的人已经形成了一个社群，他们被称为"自我免疫者"（SIer）。现在的自我免疫者有大量资源可供查询，也有地方可以讨论诸如注射剂量或毒素种类等方方面面的问题。但当时的史蒂夫什么都没有。"我做的一切全凭本能，那时候我就是铁了心要做这件事。"

　　史蒂夫一直是狂热的爬行动物爱好者，他们圈内的叫法是"爬友"（herper），因为研究爬行动物和两栖动物的学科被称为"爬虫学"（herpetology），源自希腊词语 herpetó，意思

----

[1] 著名摇滚乐队枪炮与玫瑰的主音吉他手。——编注
[2] 美国歌手、演员。——编注

是"爬行的东西"。[28]史蒂夫在孩提时就爱上了蛇，9岁时他认识了迈阿密养蛇场的主人比尔·哈斯特（Bill Haast）[29]，后者被视为自我免疫的先驱之一。哈斯特在自己的养蛇场里饲养了几百条蛇，他是20世纪著名的毒素科学家之一。数十年来，他的养蛇场一直是最大的药用毒素生产机构和抗毒研究机构之一，但哈斯特还有一项副业：自我免疫。他给自己注射毒素部分是为了自保，另一方面也是因为他很想知道常规的抗毒血清生产流程是否也能在人类身上复现。1948年，哈斯特开始给自己注射眼镜蛇毒素，[30]后来他还尝试过各种蛇毒，最后他甚至会一次性给自己注射几十种毒素的混合物。1984年，迈阿密养蛇场的短吻鳄饲养池里发生了一场可怕的事故，一位小男孩不幸丧生，哈斯特心灰意冷地关闭了养蛇场。但他仍保留了一些毒蛇，他从这些蛇身上提取的毒质一部分用于科研，另一部分则继续注入自己的身体。哈斯特的免疫力似乎的确非同凡响：在整个职业生涯中，他被蛇咬过170多次[31]，虽然有几次命在旦夕，但他还是顺利康复了。主动注射的毒质救了他一次又一次——至少哈斯特是这样认为的；而且他对自己的抗体充满自信，如果本地有人被蛇咬伤又没有合适的抗毒血清，他会捐献自己的血液（很多人说哈斯特的慷慨善举救了不少人的命）。接受媒体采访时，哈斯特表示，除了免疫毒素，他的整体健康情况也很棒，他相信毒素改善了自己的整个免疫系统。88岁时，哈斯特宣称，如果自己能活到100岁，那

有毒：从致命武器到救命解药，看地球致命毒物如何成为生化大师

说明毒素真的能让人变得更健康。[32] 后来他也真的做到了。

说回20世纪70年代，史蒂夫去养蛇场参观时，哈斯特给他留下了极为深刻的印象。"我记得自己当时是这样想的：'哇，给自己注射蛇毒就能获得免疫毒素的能力？真是太酷了。'" 17岁时，史蒂夫决心追随哈斯特的脚步。他说这个决策是他生命中的"顿悟时刻"，他就是知道自己一定会将蛇毒注入身体。史蒂夫认真考虑了选择哪种蛇、注射多少、多久注射一次，很快他就将计划付诸行动，从那以后，他一直在给自己注射毒素。

每隔几周，史蒂夫就会将6～8种蛇毒组成的混合液注入自己的血管。他尝试过数十种蛇的毒素，从蝰蛇的血毒素（感觉"就像打了一针塔巴斯科辣酱"）到眼镜蛇的神经毒素（"这些蛇根本不会让你疼"），不一而足。史蒂夫说，有时候他甚至会觉得注射毒素让自己充满能量。"和毒品带来的快感不一样，但的确很像，哇哦！"他告诉我，"我觉得自己回到了24岁。"

许多自我免疫者号称自己是为了获得免疫力，他们喜欢饲养有毒动物，所以希望获得一重额外的保障，以应对被咬伤的情况。但我觉得，事情没有这么简单。我接触到的所有自我免疫者都对自己的行为深感骄傲。他们相信自己走在科学的最前沿，尽管他们对新技术可能没什么贡献。这些人觉得自己知道得比科学家还多，他们被有毒动物螫咬后能活下来就是明证。他们会充满自信地摆弄有毒的宠物，完全不用钩子或者其他保护措施。他们的社交网站页面里充满了亲吻眼镜蛇头或者让蝰蛇盘在脖子上的照片，沾沾自喜地炫耀自己无须遵从那些陈词滥调的爬行动物安全饲养指南。

从科学家到医学专业人士，再到爬行动物饲养者和狂热爱好者，毒素相关领域有许多人坚决反对自我免疫。一些声望卓著的科学家强烈谴责任何自我免疫行为，但史蒂夫完全不理解他们的忧虑。"我不明白他们为什么把自我免疫看成巫术，这种方法的确有效。既然马可以免疫蛇毒并产生抗体，人类为什么不可以？"不过，要是史蒂夫够诚实的话，获得免疫力并不是他给自己注射毒素的真正原因。"我这样做并不是为了保护自己、对抗蛇毒，而是因为自我免疫让我深深着迷，"他说，"我一直觉得自我免疫能带来很多好处……那么多人锻炼手臂、让肌肉变得更加强壮，在我看来，注射毒素相当于锻炼自己的免疫系统。"

越来越多的人开始利用自己的有毒宠物（或者用他们圈内的惯用称呼，"宝宝"）进行自我免疫，其中大部分是青少年男性。自我免疫者坚称，饲养宝宝和从事相关职业的所有人都应针对自己经常接触的物种进行自我免疫，他们觉得自己正在引领一场重要变革。但大部分饲养者觉得自我免疫者败坏了爬行动物主人的名声，认为自我免疫是一种"显示男子气概的邪教"。另一方面，自我免疫者热衷于拍摄自己被一些臭名昭著的有毒动物（例如黑曼巴蛇）螫咬的视频，并对所有骂他们是疯子的人竖起中指。

你也许会觉得，经过了20多年的实践，史蒂夫会欢迎这些志同道合的激进年轻人，但他很快表示，他不鼓励任何人加入自我免疫的阵营。"显然，这很危险。"他说。史蒂夫在他管理的自我免疫网络论坛上发布了这样一份免责声明：[33]

> 我不建议、推荐或容忍任何人利用蛇毒对自己或他人进行免疫。无论是通过注射、食用还是其他任何方式实施，所有蛇毒免疫法都极度危险，纯属实验性行为，蛇毒可能严重损伤你的身体，甚至导致死亡。任何人在任何情况下都不应做出这种行为。

虽然史蒂夫希望科学家和医生能从科研的角度更严肃地看待自我免疫，但他对那些为了炫耀勇气而毒害自己的自我免疫者很不耐烦，他觉得那些人"就爱吹牛"。他说自己不会参与社交网站上的任何自我免疫群组，也不会回复邮箱里源源不绝的寻求建议的电子邮件，因为"早晚会出事……要是你告诉了他们该怎么办，结果他们搞砸了，那么责任就会落到你头上"。

史蒂夫深知此路之艰，对他来说，自我免疫并非坦途。"我一直有种愚蠢的摇滚心态：'管他呢，就这么干。'所以我出过不少事。"他说。刚开始的时候，他的胳膊肿得像个气球。这部分是因为他注射的是血毒素（"那时候我真的很蠢，我甚至不知道各种毒素有什么区别"），但他也承认，还有一个原因是他常常过量注射。"我总想多注射一点儿。"他解释说。不过现在他已经意识到，即便是低剂量的毒素也足以激发免疫反应。

史蒂夫曾因自我免疫出现肌肉溃烂。一次注射意外将他送进了医院，医生和护士告诉他要么得截掉一条胳膊，要么只能送命，但他顽强地熬了过来。这么多年来，他只有一次真正被咬，那是一条许氏棕榈蝮（eyelash viper）——这只宠物的行动速度比他预想的快了那么一点儿。由于史蒂夫一直在做自我免疫，所以他决定观察一下这种方法是否真的有效。他幸运地活了下来，但蛇毒带来的剧痛让他毕生难忘。"感觉像是一把锤子砸在手指上，而且是持续砸了8个小时。"但无论如何，他绝不后悔26年来的自我免疫实践。他说，虽然这个过程并不完美，但它的确有效："我曾在两个人的见证下将致命剂量的毒素装入注射器，只为了证明我对这玩意儿的确有很强的免疫力。"

和比尔·哈斯特一样，史蒂夫相信注射毒素带来的好处不仅仅是对蛇毒的抗性。他说，纵观历史，以蛇毒入药的传统医学出现在多个文化中，虽然这些偏方不一定万试万灵，但它们的确能产生真正的生物学效果。他觉得自己的整体健康情况也得到了改善："我从不感冒，也不生病，流感不会找上我。"他自信地表示。不过确切地说，他还是生过病的："几周前我食物中毒过一次，感觉真是太糟糕了，"他补充说，"看来蛇毒对食物中毒没什么帮助，相信我。"

史蒂夫和其他自我免疫者的共同体验不容忽视。"比尔·哈斯特在几次采访中都表达过同样的观点。他说自己健康得要命，一辈子没生过病。"史蒂夫说，"事实摆在眼前，你不由得会想：'这里面一定有某种机制，我们应该研究一下。'但没有人做这方面的研究。"

的确，谁也没研究过自我免疫，直到几年前，史蒂夫的一段视频吸引了哥本哈根大学的研究者。史蒂夫高兴地告诉我，现在科学家正在研究他的血液，希望以他的抗体为蓝本，制造出来自人类的干净抗毒血清。这项为期5～7年的研究可能成为医学领域的下一个重大突破。这个项目没有为史蒂夫带来一分钱报酬，[34] 他只希望等到自己的抗体真正成为救命良药的时候，他能得到应有的荣誉。他还希望，未来的研究者能深入探查蛇毒对免疫系统的整体促进作用，不过现在，这个研究他血液的项目已经为他的实践带来了新的动力。"我感觉一切都很好，仿佛有了个目标。诚实地说，早几年我根本不知道自己为什么要这样做。那时候我还不够理解这件事。现在，我找到了正当的理由。"

我们的灵长目祖先通常是毒蛇的猎物而非掠食者，所以顺理成章地，我们也无法免疫这些动物的毒素，甚至连史蒂夫那样的程度都达不到。但为数不多的证据表明，我们可以通过特异性免疫系统获得一定程度的抗毒性。不幸的是，免疫系统同样会将一些通常无害的毒素（例如蜜蜂的毒质）变成致命的杀手，罪魁祸首便是过敏。

谁也不知道我们为什么会过敏；数百年来，科学家们为这个免疫学谜团争论不休。你可以将过敏视为免疫系统的过激反应。医学界将过敏定义为"过度敏感的免疫反应"。引起过敏反应的物质被称为"过敏原"，能激发免疫通路、刺激抗体生成的任何东西都可能成为过敏原。你第一次接触到过敏原时并不会触发过敏反应，但你的身体会"拍摄一张免疫学照片"，记住这种过敏原。等到它再次出现，你的免疫系统就会立即响应，派出抗体大军——这是免疫系统的本职工作。但不知为何，某些抗原会刺激身体产生IgE（血清免疫球蛋白E）抗体，而非更常见的IgG（免疫球蛋白G）抗体。带来麻烦的正是这些IgE抗体，它们在所有抗体中的占比不超过0.001%，因为IgE抗体会让身体释放出大量组胺和其他炎症化合物，引起全身性的过敏反应，轻则导致血压下降，重则触发心脏骤停。鉴于IgE抗体如此危险，科学家一直在研究它们在免疫系统中的作用。奇怪的是，这些抗体似乎没什么益处，唯一的用途就是触发过敏反应，大约有20% ~ 30%的人有过这种经历。

人体为什么会演化出IgE抗体？我们还没有找到足够的证据来解释这个问题。对免疫学家来说，这是个难解的谜团。我们的身体为什么要制造这种弊大于利的抗体？在人类的演化史中，IgE抗体必然承担着某些有用的功能，否则它早就应该被抛弃，因为它引发的过敏代价不菲。有人提出，IgE抗体或许可以对付寄生虫，[35]但在洗手液和青霉素的帮助下，我们的生活环境变得更加卫生，IgE抗体的敌人不复存在，所以现在我们只能看到它带来的坏处。这个假说得到了一些证据的支持，但即便如此，过敏仍是一种副作用，而非IgE抗体存在的本意。而且这套理论无法解释为什么某些东西更容易引起过敏，难道我们的防御系统如此糊涂，竟会把花粉、食物、药物、毒素和金属都当成寄生虫？另一些科学家提出，这些令人烦恼的抗体或许还有更有趣的用处：保护我们免遭包括毒素在内的毒质侵害。

1991年，鬼才科学家玛吉·普罗菲特（Margie Profet）首次提出了毒质假说（Toxin Hypothesis）。[36]虽然普罗菲特取得的是物理学、数学和哲学学位，但她革命性的理论却震撼了免疫学界。这位科学家提出，过敏不是其他过程的副作用，它的存在自有其意义。"从演化的角度来说，过敏诚然会让我们的身体付出代价，但既然人体保留了这种机制，就说明这种适应性演化利大于弊。"普罗菲特解释道，"这动摇了将过敏视为免疫错误的传统观点……"

"过敏反应由多种专门的机制共同激发，这套系统复杂、精确、经济而高效，说明过敏似乎是一种设计精妙的适应性演化。"她写道。

毒质假说包括四个主要的论点：首先，毒质广泛存在，破坏力巨大，所以它带来了强烈的演化驱动力。既然无所不在的毒质如此危险，我们的身体自然有理由演化出对应的防御机制。此外，普罗菲特还提出，大多数毒质不仅会造成即时的破坏，还会留下长期的影响。比如说，很多毒质会刺激突变，引发癌症。

其次，毒质的生理活动的确会触发过敏反应。比如说，很多毒质会结合血清蛋白质，这很容易引发过敏。

再次，大部分过敏原要么本身有毒，要么携带着能结合更小毒质的蛋白质。比如说，毒素肯定是有毒的，但除此以外，就连那些看似无害的过敏原也可能携带毒质。举个例子，干草里可能藏着真菌产生的黄曲霉毒素（aflatoxin），这种物质会严重损害肝脏。

最后，毒质假说还提出，过敏症状可能对中毒者有好处。既然身体演化出了精妙的IgE抗体反应，那么过敏一定是有好处的。事实上，呕吐、打喷嚏、咳嗽等行为都能排出毒质，降低血压也能延缓毒质在体内蔓延的速度。就连过敏引起的肝素（一种抗凝剂）过量分泌也能解释为身体对抗多种毒素凝血效应的一种方式。

按照普罗菲特的理论，从本质上说，过敏是特异性免疫系统应对毒质（包括毒素）的最后一道防线，是免疫系统的背水一战。与过敏原接触得越多，过敏反应就越严重，这根本不是什么免疫学错误，而是这套系统的关键所在。既然毒质带来的风险会随着接触次数的增加而不断上升，那么你跟它接触得越多，在下次接触时更快摆脱它就变得越重要。但在目前，毒质假说仍不能解决过敏带来的实际问题。过敏原会让你鼻涕眼泪横流、到处起疹子、浑身瘙痒，为了对付这些问题，我们每年要花费数十亿美元。但毒质假说的支持者坚称，要是我们过于重视这些小问题就会忽视大局。他们指出，人们之所以将过敏视为麻烦，唯一的原因是我们根本不知道它救了我们多少次。

1993年，普罗菲特因为提出毒质假说而获得了麦克阿瑟基金会的"天才奖"，但直到今天，科学界仍对她的理论不以为意。科学家们坚持认为，这套假说没有实验证据支持。有人提出（普罗菲特也说过），过敏者罹患癌症的概率更低，这可能是因为过敏反应帮助他们排出了致癌物，但这一点还不足以成为决定性的证据。说到底，过度敏感的免疫系统可能会一视同仁地疯狂攻击所有外来物，所以对癌症的抗性略高一些也不足为奇。要证明毒质假说，我们必须找到过敏反应确切的益处。

20年后，普罗菲特的新颖理论终于得到了实验的支持。2013年，科学家发现，小剂量的蜂毒[37]和它触发的过敏通路能保护小鼠免遭随后注射的致命剂量毒素的伤害。如果通过基因技术移除小鼠过敏反应中的一个步骤（无论是移除IgE抗体、IgE受体还是表达这种受体的肥大细胞），那么即使提前注射小剂量毒素，小鼠也无法受益，这表明IgE反应与保护效果之间有直接的联系，为毒质假说提供了决定性的证据。随后，科学家尝试了毒性更强的山蜂毒素，结果发现，和蜂毒一样，提前触发的IgE反应同样能保护小鼠。

即便毒质假说经得起进一步的验证，它仍面临着很多问题，比如精妙的免疫反应系统在面对过敏时为何表现得不那么精妙。不过当然，这套理论令人叹服地解释了我们的身体在面对毒质，尤其是毒素时为何会做出这样的反应。毒质假说符合我们对有毒动物的认知，尤其值得一提的是，它还契合了"有毒生物影响周围物种"的理论。我们或许没有在血液中演化出抗毒蛋白质或化合物，但我们体形娇小的灵长目祖先和其他容易被有毒生物捕食的物种（例如小鼠）可能演化出了一套复杂的免疫通路，它的全部目标就是应对可能危及生命的毒质。如果毒质假说真的成立，那么科学家或许不必再辛苦寻觅救命的解毒良方。解毒的秘密也许就藏在我们的眼皮子底下，它伪装成了过敏。

毫无疑问，我们无比渴望找到更好的办法来治疗危及生命的中毒。据估计，每年全球的毒蛇伤人事件超过40万起，多达10万人因此丧生。除此以外，其他有毒动物也会置人于死地，例如蜘蛛、蝎子、水母，还有我在上一章中提到过的各种动物杀手。但抗毒科学的未来一片光明，许多充满希望的道路摆在我们面前：普罗菲特的假说，天生免疫毒素的动物，自我免疫者，还有抗毒组学。此外，对毒素分子层面的作用机制了解得越多，我们就越有可能找到新的办法来对抗这些毒质——哪怕是那些并不致命的化合物。毕竟，很多不致命的毒质也会带来超乎想象的痛苦。

Chapter **4**

疼痛难忍

To
the
Pain

生命即痛苦，殿下。任何试图花言巧语掩饰这一点的人都别有
所图。

——黑衣人，电影《公主新娘》

昆虫学家贾斯汀·施密特（Justin Schmidt）这样描述子弹蚁（bullet ant）的螯咬："纯粹、剧烈而鲜明的痛苦。就像踩着一根三寸长的钉子走在烧红的木炭上一样。"[1]施密特认为，子弹蚁是全世界咬人最疼的昆虫。他有资格这么说，螯咬过他的虫子涵盖了膜翅目（蜜蜂、蚁和胡蜂）的78个物种和41个属，他编撰的"施密特疼痛指数"（Schmidt Pain Index）用0.0（无害）到4.0（无法描述的剧痛）的数字形象无畏地描绘了各种昆虫螯咬的疼痛程度。在这个量表中，子弹蚁的得分高达4.0+，它是唯一得分超过4.0的物种。秃面胡蜂（bald-faced hornet）的螯刺比子弹蚁温柔得多，得分只有2.0。按照施密特的说法，这种昆虫带来的疼痛感"丰沛、饱满、类似压痛。有点儿像是手被门夹了一下"。与此同时，全世界体形最大的胡蜂食蛛鹰蜂（tarantula hawk）得到了4.0分，施密特形容它的螫咬"来势汹汹，让人眼前一黑，类似电击。就像一台开着的电吹风掉到了你的泡泡浴缸里"。

子弹蚁得到这么高的分数可谓实至名归，它之所以会叫这个名字，正是因为人们觉得它带来的疼痛犹如中枪。被咬过的人说，最剧烈的疼痛会持续3 ~ 5小时，整整一天后疼痛才会完全消失。除此以外，常见的"副作用"还包括颤抖、恶心和出汗。所以顺理成章地，在我造访秘鲁亚马孙的时候，子弹蚁是我特别想见到的动物之一。当然，我会保持安全的距离。

对到访亚马孙的很多游客而言，子弹蚁无疑是痛苦之源，但对于巴西的萨特瑞－马维人（Sateré-Mawé）来说，子弹蚁是其文化传统中不可或缺的一部分，年轻的萨特瑞－马维男性必须经受这种昆虫的考验才能成为部落的勇士。成人礼之前，村里的长者会在森林中小心地搜集大约100只子弹蚁，然后给它们喂食一种有镇静作用的草药。接下来，他们会把这些蚂蚁织进树叶手套里，让蚂蚁的毒刺朝向手套内部。醒来的子弹蚁满腔怒火，随时准备狠狠教训任何敢于靠近的敌人。男孩必须戴上这双子弹蚁手套，忍受成百上千次螫刺，让自己的双手肿成一根大棒，浑身因剧痛而颤抖——经历了这样的考验，他才有资格成为男人。

虽然萨特瑞－马维人迄今仍保留着这一仪式，但仪式的细节在英语世界的描述中却各有参差。有人说接受考验的人在10分钟内不能脱下手套，也有人说是30分钟。你或许觉得这样的考验一次就够了，但从12岁开始，部落成员一生中要经历25次这样的仪式。为什么要重复这么多次？亲眼见证过仪式的人宣称，毒素起效的过程中，男孩既不能喊叫也不能流泪，要是他哭了，那就必须重来一次。也有人说，那些年轻男子反复忍受这项酷刑并非被迫，而是完全出于自愿，因为这样才能获得族人的敬仰，证明自己的领导力。[2]

除了部落成员，还有很多人尝试过这种仪式，其中包括一些勇敢的演员和制片人。澳大利亚喜剧演员哈米什·布莱克（Hamish Blake）只撑了几秒钟就被无法忍受的剧痛击垮，最后被送进了医院。[3]美国《国家地理》的主持人帕特·斯佩恩（Pat Spain）坚持了整整5分钟才开始语无伦次，接下来的几个小时里，他疼得说不出话，整个人不停颤抖。[4]为了缓解哪怕一点点疼痛，他把胳膊泡在了冰水里，即便如此，直到5小时后，他仍动弹不得。

2008年，电视明星兼冒险家史蒂夫·巴克沙尔（Steve Backshall）在《星期日泰晤士报》（The Sunday Times）上描述了自己接受子弹蚁考验的经历。[5]他说，问题不在于戴手套的那10分钟（"其实没有那么糟，的确很不愉快，但还可以忍受"），而是接下来的几小时：

我开始啜泣，局面很快一发不可收拾，我哭得上气不接下气，整个人止不住地颤抖、翻滚、痉挛。你可以看到神经毒素正在起效，我的肌肉开始颤抖，眼睑变得越来越沉，越来越松弛，嘴唇越来越麻木。我开始流口水，突然之间，我对任何事情都没了反应。我的双腿无法再支撑身体，医生大声唤着我的名字，鼓励我继续活动，不要向躺下的冲动投降，不要让它控制我。

　　要是手边有把弯刀，我宁可把自己的胳膊砍下来，就为了脱离那种疼痛。

根据巴克沙尔的描述，直到3小时后，疼痛才开始"减弱了一点"。

　　子弹蚁的螫咬之所以这么疼，是因为不同于意在捕捉或消化猎物的蛇和蜘蛛，这种小蚂蚁的毒素只有一个目标：自保。受害者尝到的剧痛主要来自一种名叫"子弹蚁毒"（poneratoxin）的小分子肽。子弹蚁体内可存储1微克（μg，不要觉得这很轻，1微克之于子弹蚁相当于0.45千克之于我们）这样的毒素，随时准备对付下一位倒霉的受害者。这种化合物会改变神经细胞的电压门控钠离子通道（voltage-gated sodium channel），导致神经细胞紊乱。肌肉会失去控制，负责传导疼痛信号的神经细胞则会不断受到刺激。这样的剧痛将持续好几个小时，因为我们体内的细胞根本无力对抗这种小分子肽毒质。它传达的信号十分明确：离我远点儿！剧痛足以说服任何潜在的敌人，打这些蚂蚁的主意实在错得离谱。光是想到子弹蚁毒素的生理效果我就情不自禁地打了个冷战。

　　当然，不少动物从亚马孙偷偷跟着我回到了夏威夷，就在我清洗那些浸透了泥巴和汗水的衣服时，一只子弹蚁掉了出来。我难以置信地盯着它。一只子弹蚁，在夏威夷！谢天谢地，我从洗衣机里取出那堆衣服时才在洗衣筒底下发现了这只小恶魔，它应该已经死了。它一直躲在我的衣服里。我曾徒手收拾这些衣服，把它们装进行李箱，然后又徒手把它们从箱子里取出来扔进洗衣机。这只蚂蚁有多少次机会螫我？洗衣机旁边正好有一把长长的金属夹（我用这把夹子给四齿鲀投喂贝壳和螃蟹，况且，说不定你什么时候就会用到夹子），我顺手用它戳了戳那只子弹蚁，想确认它是不是真的死了。它没有动，很好。我吐出一口长气，小心翼翼地从洗衣机里把它捡了出来。
　　这只子弹蚁个头不算大，体长还不到2厘米。它看起来这么……无害。
　　就在一周前，我曾用另一把差不多的金属夹子夹过另一只子弹蚁。当时我还待在坦博帕塔研究中心（Tambopata Research

Center），亚伦·波梅兰茨（Aaron Pomerantz）、弗兰克·皮查多（Frank Pichardo）和杰夫·克莱默（Jeff Cramer）在亚伦的小房间里摆弄他们的摄影设备。杰夫是一位蜚声世界的摄影师，研究中心的酒店隶属于他服务的公司；亚伦是杰夫雇来的生物学家，而本地摄影师兼向导弗兰克负责协助他们工作。那只蚂蚁是活的，而且十分暴躁，这正是几个人想要的，因为这样才能拍到子弹蚁可怕毒刺的高分辨率特写照片。他们摆弄着闪光灯和镜头，而我满怀恐惧地夹着那只满腔怒火、拼命挣扎的蚂蚁。而在洗衣机里转了一大圈以后，跟着我回到夏威夷的这只子弹蚁可没有那么足的劲头。讽刺的是，当时我们还开玩笑说，应该让那只蚂蚁蜇某个人一下，这样我们才能得到第一手的体验。"就当是为了写书，"亚伦说，"这可是一段精彩的逸闻！"但谁也不敢自告奋勇。我想了想，待在亚马孙的那两个星期里，我一直小心翼翼地防备着子弹蚁，要是回到火奴鲁鲁整整三天后，我反而体验到了那"纯粹、剧烈而鲜明的痛苦"，那我铁定不能原谅自己。

我用一张纸托着子弹蚁的尸体，把它放在咖啡桌上，然后上床睡觉了。第二天一早，我准备把这份出乎意料的"纪念品"放进乙醇小罐子，却发现它不翼而飞了。也许是被风吹走了？地板上也找不到。或者被什么东西吃掉了？我只能这样假设，我是说，它不可能还活着，对吧？

对吧？

直到今天，我每次坐到自家沙发上的时候依然心情紧张。

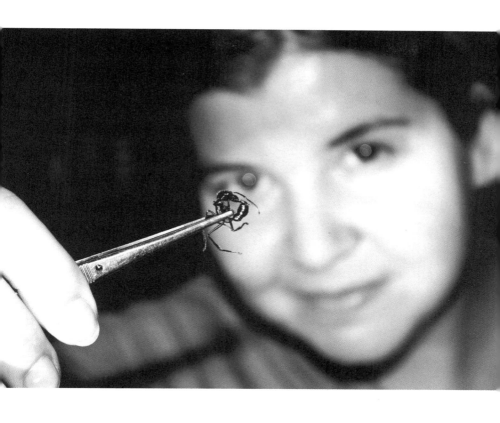

在秘鲁亚马孙的坦博帕塔研究中心观察子弹蚁
（© Aaron Pomerantz）

子弹蚁可怕的毒刺
(© Aaron Pomerantz)

　　　　　　有毒：从致命武器到救命解药，看地球致命毒物如何成为生化大师

你一生中很可能至少中过一次毒，要是你的运气还算不差，那么罪魁祸首多半是防御性的有毒动物：蜜蜂。大概你也明白，蜜蜂的毒素是为了警告你"离我远点儿"。疼痛能有效地赶走掠食者，所以有毒动物会想方设法让你疼。很多物种擅长以子之矛攻子之盾，它们会直接激发人体神经系统，向大脑发送虚假的损伤或高温信号，但实际上，你并未受到太大的伤害。比如说，蜜蜂蜂毒的主要成分是一种名叫蜂毒肽（melittin）的化合物。蜂毒肽会捕捉组成细胞膜的分子，有选择地将它们切成信号化合物，从而激发人体外周神经中负责感受高温的神经细胞。所以，如果你觉得被蜜蜂蜇伤的地方火烧火燎地疼，那你的感觉没错，蜂毒肽会让我们的神经以为自己着火了。胡蜂和水母也会利用同样的生物学通路来激发疼痛，虽然它们采用的化合物和蜜蜂完全不同。不过我个人对另一大类的防御性有毒动物更感兴趣：我花了5年半时间来研究有毒的蓑鲉。

　　沿着卡内奥赫湾（Kane'ohe Bay）岸边平坦的暗礁游向大海，你会发现自己突然进入了深水区。脚下的地面毫无预兆地变成了一堵近乎垂直的峭壁，而且高度超过 30 米。顺着这堵断崖慢慢下降，眼前的美景让我心醉神迷：色彩斑斓的鱼儿绕着珊瑚块游动；海鳗尖尖的嘴巴从小洞里探了出来；亮蓝色的海蛞蝓只有我的小拇指指甲大小。我背着水肺潜到悬崖脚下，然后转而向南前进，寻找对穿的小洞穴，那是蓑鲉最理想的栖息地。和其他大部分蓑鲉一样，夏威夷的蜂蓑鲉（Hawaiian lionfish）白天也喜欢藏在凸出的平台下方或者岩石的缝隙里，到了晚上它们才会出来捕猎。要是我够努力的话，没准能幸运地发现那么一两条。为了研究这些奇妙鱼儿的毒素，进一步了解它们的毒质如何演化，我需要找到样本，把它带回实验室。

有人对潜水漫不经心，但我始终牢记着教练的金句："你每一次潜水都是在用自己的身体做实验。"在 30 米左右的深度，我承受着相当于水面 4 倍的压力。保持呼吸是潜水的第一守则，若是在深水里屏气，那么等到你上浮的时候，体内的空气就会膨胀撕裂肺部组织。钻进一片黑暗的水底洞穴时，我提醒自己保持呼吸就好。吸气，呼气，吸气，呼气……我的心脏跳得比平时略快。周围的洞壁充满压迫感，仿佛随时可能把我钉在原地，让我永远无法离开水下的洞窟。为了克服幽闭恐惧症，我不断提醒自己：你很安全，这个洞很大，足以让你轻轻松松地钻过去，而且你拥有充足的空气。我吸了口气，用手电筒照亮头顶的洞壁，开始寻找蓑鲉。我确认了一下自

　　　有毒：从致命武器到救命解药，看地球致命毒物如何成为生化大师

己的深度：33米。我在凹凸的石壁间穿行，不时用手按住洞壁来稳定身体。

我没有发现，墙上的一块"石头"其实根本不是石头。那是一条毒拟鲉（*Scorpaenopsis diabolus*），这种神秘的鱼儿身长25厘米左右，身上藏着一排毒刺，它的伪装相当高明，住在海边的人们说它是"魔鬼"。我的心提到了嗓子眼儿。

毒拟鲉十分凶残。和鲉形目的其他同类一样，毒拟鲉也是伏击型的掠食者，它们靠岩石似的外表伪装自己，等到猎物靠近再发起攻击。这种鱼儿相当坚韧，面对危险从不退缩，毒刺便是它们最大的倚仗。鲉形目成员众多，特征各异；鲉形目共有600多个物种，其中包括鲉鱼、蓑鲉和臭名昭著的毒鲉。很多鱼都有刺，但鲉形目将棘刺的功效发挥到了极致，它们锋利的棘刺不仅能刺穿潜在的掠食者，其上还长着有毒的组织。这些组织嵌在鲉形目背部十多根棘刺的沟槽里，外面只覆盖着一层薄薄的皮肤。面对危险，毒拟鲉会绷紧身体、竖起毒刺，等待潜在的掠食者意识到自己找错了对象。不过，和其他很多有毒动物一样，毒拟鲉也有鲜艳的警告色。如果给它足够的反应时间，比如说从远处发出挑衅，它会上下摆动胸鳍，露出藏在鳍下的红色、橙色或黄色斑块。这是在警告你：小心，前面有危险。如果你置之不理，那么你很快就会发现之前的警告是多么慷慨宽容。

一旦毒刺扎进血肉，遮盖毒腺沟的组织薄层就会回缩或撕裂。来自有毒组织的各种蛋白质和多肽进入血液，从指尖开始向内扩散。这些化合物有的作用于循环系统，以确保毒素顺利进入身体深处；有的则作用于神经细胞，它们会攻击神经的通信连接，促使钙和钠快速穿过细胞膜，导致身体释放出大量乙酰胆碱。乙酰胆碱是人类发现的第一种神经递质，德国生物学家奥托·勒维（Otto Loewi）还因此获得了诺贝尔奖。（勒维发现，神经刺激电信号能让一只心脏仍在跳动的青蛙释放出某种化学物，单单这种化学物就足以改变另一只青蛙的心率。）作为细胞之间重要的通信分子之一，乙酰胆碱承担着多种功能，包括刺激肌肉和感觉神经元。这些感觉神经元会告诉大脑，你的身体出了大麻烦，然后我们的大脑再将之解读为疼痛。鲉鱼的毒素会无端激发这些细胞，传递虚假的寒冷、高温或外伤信号。

随着毒素在体内扩散，你最先感觉到的是超乎想象的剧痛，但表面上却看不到任何迹象。毒素会愚弄神经系统，让大脑以为你的身体岌岌可危，尽管真正的损害实际上还没有发生。这种毒素利用我们自己的神经来对付我们，带来放射性的剧痛，但真正的杀手是全身性反应：剧烈的疼痛可能让身体休克，血压和心率直线下降，导致受害者动弹不得甚至陷入昏迷。考虑到水下洞穴里根本没有任何急救工具，这对我来说是个大麻烦，要知道，我连呼吸都得依靠潜水装备。

1959年，可敬的生物学家海因茨·施泰尼茨（Heinz Steinitz）

在科学期刊《科佩》（*Copeia*）上的一篇文章中描述了自己遭遇蓑鲉的倒霉事。[6] 蓑鲉是鲉形目中最美的物种，艳丽的红白色条纹让它成了水族箱里的宠儿，野外的蓑鲉常为浮潜者和潜水员带来意外的惊喜。当时施泰尼茨正在红海岸边游泳，他看到一条年轻的蓑鲉栖息在海底的沙地上。蓑鲉白天通常会沿着暗礁狩猎或者躲在岩缝里，所以这条鱼反常的行为激起了他的好奇心。他凑上前去，伸出手来，却发现蓑鲉翻了个身，竖起背鳍对准了他的手。出于科学家的天性，施泰尼茨舍不得放弃。他又尝试了好几次，却惊讶地发现无论自己怎么改变角度，蓑鲉都会随之调整，背鳍始终保持警戒姿态。不幸就这样发生了。"它的速度不仅比我快，更糟糕的是，比我预料的还快。我的实验突然就结束了。"

10分钟内，疼痛从被蜇的手指开始向外扩散。"超乎想象的剧痛折磨着我，而且痛感还在继续增强……无论我是坐是站还是躺，都不能减轻分毫疼痛。我不得不动起来，试图逃离它。我清楚地知道自己没什么大事儿，但与此同时，我感受到的疼痛却超越了以往的任何时刻，这真是种古怪的体验。事实上，这样的疼痛足以把人逼疯。"施泰尼茨很幸运，当时他离岸边很近，水也很浅，所以他可以快速脱险。蜇中他的毒刺只有两根，而且蓑鲉是鲉形目中毒性最弱的物种。

虽然鱼类的毒素通常不足以杀死人类，但它们带来的副作用却可能致命。而且受害者死前还会遭受几小时的剧痛折磨，就像那些被子弹蚁螫刺的人一样。尽管致死案例相当罕见，但毒鲉的残酷战绩仍为它们赢得了"全球最毒鱼类"的头衔。这种鱼十分擅长伪装自己（在某些人看来，毒鲉不光擅长伪装，而且"丑得要命"[7]）。医学文献中描述了毒鲉的剧痛带来的触目惊心的后果。"10 ~ 15分钟，受害者要么昏迷，要么陷入一种近乎歇斯底里的状态，"一篇论文中这样写道，"如果受害者在水中被螫，通常需要三四个人才能制服他、把他带回岸边，免得他溺水而死。"[8]另一篇文章形容这种疼痛"如此可怕，可能让人精神错乱，甚至……活活疼死"[9]。

我在水底洞穴里的运气不错。那条毒拟鲉看到了我的手，于是它掀开胸鳍，露出五彩斑斓的肚皮，警告我悬崖勒马。我及时地缩回了手，于是它大摇大摆地从我面前游走了，完全没有绷紧身体竖起毒刺。

有毒的鱼不止鲉形目这几种。魟鱼的毒素同样能带来剧痛。面对有毒鱼类，放错了地方的手或者脚可能让你坠入深渊。这样的冒失会带来很多人说的"超乎想象的剧痛"。除此以外，你还可能出汗、恶心、呕吐、心率改变，甚至陷入休克。毒鱼的螫刺固然痛苦，但一般不会致命，因为它们意不在此。在第一起有记录的毒鱼致死事件中，最终铸就悲剧的其实是人类，但故事中的确出现了魟鱼的身影，整件事充满传奇色彩。按照某一个版本的故事，预言家忒瑞西阿斯（Tiresias）告诉神话英雄兼旅行家俄底修斯（Odysseus），他必将死于大海。[10]然而

　　　　有毒：从致命武器到救命解药，看地球致命毒物如何成为生化大师

按照神谕，俄底修斯会被自己的儿子杀死，所以似乎跟大海没什么关系。特洛伊战争结束后，返乡途中的俄底修斯格外留心自己的儿子忒勒玛科斯（Telemachus），却全然不知在那漫长的旅途中，女巫喀耳刻（Circe）为他孕育了另一个儿子。这个名叫忒勒戈诺斯（Telegonus）的男孩渴望见到父亲，于是他追随父亲的脚步，动身前往伊萨卡岛。饥饿的忒勒戈诺斯企图偷猎一群牲畜，惹得主人（不是别人，正是俄底修斯）出手抵抗。男孩完全不知道对手的身份，于是将自己的独门武器——镶有魟鱼毒刺的长矛——刺入了父亲的身体。故事的结尾，俄底修斯因为这次受伤而慢慢死去，在剧痛的折磨中，他醒悟到两个预言都应验了。

然而俄底修斯之死已成传奇，说到毒鱼致死，大部分人最容易想到的是史蒂夫·欧文（Steve Irwin）。这位澳大利亚的著名电视主持人在拍摄一部名为《致命海洋》（Ocean's Deadliest）的纪录片时（真是个可怕的巧合）不幸遇难，终年44岁。[11] 虽然欧文最广为人知的事迹是跟鳄鱼摔跤、逗弄地球上体形最大最凶猛的动物，但最终置他于死地的却是一种谁也想不到的动物（除了忒瑞西阿斯）。和英雄俄底修斯一样，欧文死于魟鱼有毒的倒刺。我们觉得魟鱼是地球上最温顺的鱼类，很多热门旅游景点都开设了近距离接触魟鱼的游客体验项目，人们站在水里，任由这些危险的鱼儿在身边游来游去，让它们在自己手心里啄食。世界各地的水族馆把魟鱼放在触摸池里，让游客抚摸它们光滑柔软的双翼。那天下海之前，欧文可能根本没有多想，然而在那悲剧的瞬间，温驯的大鱼转身挥动尾巴，将倒刺扎进了他的胸膛。史蒂夫·欧文本来可以幸免。要不是魟鱼的倒刺深深地嵌入了他的肌肉，他或许有机会得救，只是剧痛在所难免。但不幸的是，倒刺穿过欧文肋骨之间的窄缝，刺破了他的心脏，一切再难挽回。

尽管魟鱼和鲉形目属于不同的演化分支（魟鱼是软骨鱼，鲉鱼是硬骨鱼，它们大约在4.2亿年前就完成了分化），但它们的毒素却十分相似。这两种鱼毒中的主要毒质都是蛋白质，而且它们同样通过刺激神经细胞而产生剧痛。不过，魟鱼的背上没有成排的毒刺，它只有一根有毒的倒刺，就长在尾巴梢上。这根倒刺令人望而生畏，它锯齿状的锋刃能像牛排刀一样撕裂血肉。如果说长达几厘米的锋利倒刺还不够危险的话，魟鱼的利刃还浸透了剧毒。硬质的倒刺外裹了一层有毒的组织，一旦倒刺扎入血肉，这些组织就会立即破裂并释放出毒质。倒刺一旦扎入体内，只有训练有素的外科医生才能安全地把它取出来，因而受害者面临两难的选择：要么把倒刺留在体内，任由带来剧痛的毒素源源不断地进入身体；要么冒着大出血的风险强行拔刺。

更糟糕的是，毒鱼总是神出鬼没。鲉鱼和毒鲉看起来与栖息地的暗礁和岩岸一模一样；魟鱼身体扁平，喜欢藏在沙子下面，人们很难发现它们的踪迹，尤其是在浅水里嬉戏的海滨游客。

有毒：从致命武器到救命解药，看地球致命毒物如何成为生化大师

有毒鱼类不仅让我们一窥致痛毒素的演化，也让科学家得以研究促使动物维持毒性的选择压力。也许有人期待在这些鱼类和它们的掠食者之间观察到眼镜蛇和猫鼬那样的共同演化，但迄今为止，我们仍未发现这方面的证据。我们甚至不知道该观察哪种掠食者，因为科学家尚未确定哪些物种以毒鱼为食——如果有的话。我决意研究毒鱼，是因为我们对这些迷人物种的毒素演化所知甚少。鲉形目最令我着迷的地方在于，虽然它的成员中有世界上毒性最强的鱼，但与此同时，这个目也有很多名声没那么糟糕的物种。像我这样研究毒鱼的科学家最困惑的是，毒鱼的各个种群（鲉鱼、蓑鲉和毒鲉）之间亲缘关系并不是那么密切。虽然鲉形目的各个有毒物种拥有相似度极高的蛋白质毒质，而且这些毒质来自相同的基因，但毒鲉与其他毒鱼的亲缘关系其实相当遥远，中间还隔着很多个无毒的支系。难道毒素的演化在这个目中发生过不止一次？似乎不太可能，因为它们的毒质和我们在其他地方发现的都不一样，甚至不同于其他任何已知的蛋白质。那么，鲉形目那些无毒物种的毒质去哪儿了呢？

我发现，某些无毒的鲉形目鱼类仍保留了毒质基因，只是它们很少制造毒质，随着时间的推移，随机的变异逐渐抹除了它们的毒性。澳大利亚毒素科学家布赖恩·弗里在有毒蛇类和蜥蜴与它们无毒的亲缘种之间也观察到了同样的模式。他发现，即便是无毒的蛇类也会制造少量毒素蛋白质，这颠覆了我们对有毒爬行动物的理解。布赖恩提出，有毒的蜥蜴和蛇与它们的无毒近亲系出同源，它们的世系可以追溯到一个共同的有毒祖先。"演化从不会真正遗落任何东西。"他解释道。

现在，科学家认为，爬行类支系的祖先（包括有毒演化支，它们的唾液中含有类似毒素的蛋白质）最初演化出毒性或许是为了抵抗细菌和其他显微级的入侵者。然而在时间的溪流中，这些毒质找到了更新颖的用途：捕食。随着有毒演化支的发展壮大，有的物种找到了其他捕捉猎物的方式（例如蟒蛇），或者改吃植物（例如鬣蜥），因而保持毒性的压力不复存在。最终爬行动物的演化树上只留下了少数毒性强烈的种群，点缀在无毒的演化支之间。

如果鲉形目的情况也是这样，那么我们或许可以解释它们为什么是现存鱼类中多样性最强的一个目。远古时期，毒素可能是鲉形目物种得以幸存的关键因素。白垩纪的海洋中充斥着感觉灵敏、行动敏捷的敌人，例如鲨鱼，要想在这样严酷的环境里生存下去，鲉形目不能光靠伪装。防御性的毒素保护它们免遭各种潜在掠食者的攻击，但这些能带来剧痛的毒素最初到底是怎么演化出来的？这仍是毒素科学领域最大的谜团。我们还需要继续深入探究，如此有价值的适应性演化为何会日渐式微。

有毒：从致命武器到救命解药，看地球致命毒物如何成为生化大师

毫无疑问,毒鲉和子弹蚁的毒素能有效吓阻掠食者。但这样强大的力量也需要付出代价:有毒动物必须持续制造,并不断更新自己的毒质武器。很多有毒化合物的毒性会随时间流逝而减弱,所以动物必须不断更新毒素,老旧失效的毒素则会被酶分解,另作他用。这意味着它们必须消耗大量能量来制造毒素,每天如此,永不停歇。动物投入这么高的成本来维持某个适应性演化,意味着背后必然存在极大的选择压力。深入理解物种从无毒到有毒的演化过程,我们必将从中学到许多演化学知识;同理,研究物种失去毒性的过程也能带来极大的收获。

　　很多有毒动物演化分支中包含了大量物种。蜜蜂、胡蜂和蚂蚁惊人的多样性让膜翅目成为昆虫纲物种数量最多的目。同样的,鲉形目也是鱼类中最多姿多彩的种群。这样看来,作为一种适应性演化,毒素无疑相当成功,它带来了丰富的多样性。不过,既然毒素事关鲉形目的生死存亡,平鲉(rockfish)和石斑鱼(grouper)又为何会放弃毒刺呢?

　　要回答这个问题,我们必须理解演化论的一个核心概念:适应度。适应度描绘的是动物个体对自己的物种或种群基因池的相对贡献。从适应度的角度来说,凯特·戈瑟兰(Kate

Gosselin）[1]诚然不如卡梅隆·迪亚茨（Cameron Diaz）[2]风趣，也没有奥普拉·温弗里（Oprah Winfrey）[3]的财富和影响力，但这都不重要：她生了八个孩子，另外两个女人一个孩子都没有。所以戈瑟兰的基因得以继续传递，迪亚茨和温弗里的基因却走进了死胡同；在这三个人中，戈瑟兰才是适应度最高的。演化只在乎繁殖。是的，你得先生存下来，但生存正是为了服务于繁殖。真正重要的只有你留下的后代数量，以及后代留下的后代，如此代代相传。任何有利于增加个体适应度的特征都会被传递下去，并在种群中得到更多的表达机会，最终彻底改变整个物种的演化轨迹。

但我们根本说不准什么样的个体才是适应度最高的。有时候得以存留的正是我们觉得更合适的特征：最快、最强壮、最大。但在特殊的自然环境和社会环境下，某些看似古怪的特征反而会占据上风。比如说，众所周知，性选择常常促使个体演化出最糟糕的特征。性选择是指某个性别（通常是雌性）对配偶的挑剔带来的压力。当然，谁都可以吹嘘自己拥有最棒的基因，但在演化生物学家看来，求偶方有能力喂饱自己或者跑过掠食者还不够，你得主动给自己制造点儿障碍，才算得上有诚

---

[1] 美国真人秀节目《乔恩与凯特和他们的八个孩子》（*Jon & Kate Plus 8*）的主角。——编注
[2] 美国女演员，曾出演《变相怪杰》《少数派报告》等影片。——编注
[3] 《奥普拉脱口秀》主持人，2018年获得金球奖终身成就奖。——编注

意。所以雌性总是青睐那些不畏障碍的雄性：孔雀爱慕长尾巴，虽然这会拖慢奔跑的速度；牛蛙以响亮的叫声为荣，哪怕会暴露自己和附近其他雌性的位置。雄性的"适应性演化"让自己身处险地，但这不重要：冒点儿风险完全值得，只要它们能够成功找到配偶繁殖后代，这些特征就会传递下去。

从理论上说，沿着有毒物种的支系向前追溯，你一定能找到第一个踏上这条道路的个体。它的基因复制工厂或许正好出了点儿故障，例如某个基因发生了突变，或者不小心多复制了一个碳原子。但正是这个小小的错误赋予了它演化上的优势，哪怕只有一点点。它将这个优势传递给自己的后代，如此代代相传，有用的错误就此扩散开来。

目前我们认为，大部分毒素来自免疫系统基因的细微变化和复制，尤其是负责击退传染病或寄生虫的酶。原本负责破坏细菌细胞壁的酶同样能制造出控制神经细胞开关的生物活性脂；负责撕裂外来寄生虫的蛋白质也能撕开受害者的血肉。不难想象，随着时间的流逝，这些酶、蛋白质和类似分子总能找到新的用武之地。不过，毒素的确能带来巨大的演化优势，但与此同时，为了制造毒素，动物也需要付出高昂的代价，现在科学家正在研究，这样的代价到底有多高昂。

动物在释放毒素后必然会制造新的毒素来补充库存，出于这样的思路，某些研究通过测量动物制造毒素时新陈代谢率提高的程度来间接计算它消耗的能量，进而衡量毒素的"价格"。

首先，科学家会测出动物的静止代谢率（resting metabolic rate），也就是动物在静止状态下的新陈代谢率，它反映的是身体维持最基本的功能需要的能量，例如呼吸或血液循环，但不包括移动消耗的热量。实际上，我们也会计算人类的静止代谢率。静止代谢率可以帮助我们判断某种锻炼能否有效锻炼肌肉，因为肌肉的增加必然导致静止代谢率提升；我们也可以借助静止代谢率来衡量那些影响繁殖适应度的关键行为（例如在孕期保证胎儿存活）到底会消耗多少能量。举个例子，孕妇常说自己要吃"两个人的饭"[12]，从某种程度上说，这句话没错：怀孕会让人类女性的静止代谢率提高21%。

与此类似，从新陈代谢的角度来看，制造毒素耗资巨大。一项蛇类研究发现，为了更新体内的毒素，蛇必须将自己的静止代谢率提高11%，持续时间长达3天。[13]另一项研究发现，死亡蛇（death adder，澳大利亚的一种眼镜蛇）在制造毒素的前3天里静止代谢率提高了21%。[14]换句话说，消耗了毒素之后，毒蛇需要花费10% ~ 20%的能量来补充库存。相比来说，大量研究表明，持续数月的高强度锻炼只能让你的静止代谢率提高一点点——平均还不到10%。[15]所以，对蛇来说，制造毒素至少相当于定期的高强度锻炼，甚至约等于孕育一个宝宝。其他物种付出的代价甚至更高。研究表明，蝎子更新毒素时的静止代谢率会提高20% ~ 40%，持续时间最长可达8天。[16]它们为毒质花的能量可真够多的！

既然毒质如此昂贵，那么我们难免会想，动物肯定不愿轻易动用这样的杀器，这就是毒素博弈，或者说毒素最优化（venom optimization）。如果能找到这方面的证据，我们就能进一步确定，有毒动物只有在迫不得已的情况下才会使用昂贵的毒素。的确，很多研究发现，如果有毒物种觉得没有必要，或者达不到想要的效果，它们就会尽量避免使用毒素。[17]成年蝎子不仅身怀剧毒，还长着巨大的强壮螯肢，可以帮助它们捕捉、制服猎物。蝎子喜欢先用螯肢发起攻击，失败后才会转而用毒。它们还会根据猎物的种类来选择攻击方式：大猎物比小猎物更容易遭到毒素攻击，因为蝎子不用毒也能相对轻松地对付后者。在某些研究中，蝎子使用毒刺的概率还不到三分之一。与此类似，蛇在自卫时几乎都会放毒，但如果咬的是人，蛇有20% ~ 50%的概率不会释放毒液。[18]考虑到蛇咬人不是为了捕猎，那么自然没必要浪费毒素——咬一口就足以传达信号了。

每个动物个体的能量预算都有限，所以它们必须精打细算，才能同时满足各方面的需求：维持基本生存、寻找配偶、繁育后代。你吃下一个汉堡，身体会判断这些热量是应该用来满足身体发育、为肌肉供能，还是以脂肪的形式储存起来以备后用，或者拿来应对其他意料之外的消耗。不用说，身体在分配能量时必须考虑各种因素：食物是否充足，是否需要求偶，周围有没有掠食者，诸如此类。演化是一名一丝不苟的会计，你浪费的每一分钱都会遭到无情的惩罚。

回到6500万年前的白垩纪晚期，海里到处都是凶猛的鲨鱼、巨大的海洋爬行动物和其他牙齿锋利的大家伙，某只鲉形目的祖先幸运地产生了某种有毒的变异，它的后代幸存下来，开始分化。不过随着海洋的变迁，选择压力也随之改变，对这位祖先的一部分后代来说，毒素变成了一种不必要的开支。有的物种保留毒素作为防御性的武器，例如毒鲉、蓑鲉和鲉鱼。但另一些物种通过随机的变异抛弃了毒素，和有毒的近亲一样生存繁衍，甚至可能活得更好。它们不再拥有毒刺，但你仍能在它们的基因组中发现剧毒蛋白质留下的蛛丝马迹。平鲉和石斑鱼就这样诞生了。

我或许幸运地躲过了子弹蚁带来的剧痛（至少目前是这样……），也没被蓑鲉和它的亲属蜇过，但在研究有毒动物的历程中，我也并非毫发无损。我说的不仅仅是熊蜂或者胡蜂之类司空见惯的物种，毕竟地球上的成年人或许都尝过它们的滋味。悲伤的是，我被一种相当厉害的防御性有毒动物蜇过，它的施密特疼痛指数甚至达到了3.0以上。

认真想来，我真不能说当时自己的做法有多聪明。当然，也不算最蠢，但或许能排进前十。只是我早该知道。就在那件事发生之前，我脑子里有个声音在大声警告："事情不对劲，你必须马上停下来，否则不会有什么好结果！"但我没有听从内心的警告。恰恰相反，我徒手抓住了盒子里那只见鬼的海胆。

那几年里，我每个4月都会抽出一周的上午去做义工，教夏威夷的二年级学生认识海洋生物。每天大约会有50个孩子、家长和老师穿着沙滩鞋，带着透明塑料盒和网子来到怀厄奈马里海滨公园（Māʻili Beach Park）美丽的潮池边。他们会花一个小时左右搜集各种生物，包括许许多多的海蛞蝓、寄居蟹、裸鳃类（nudibranch）、海胆和阳遂足（brittle star）。胆子大的家长成群结队去捉小鳗鱼；隔一会儿他们就会找到一只章鱼或者躄鱼（frogfish）。我带着几位研究生志愿者在海滩上等他们回来，然后分门别类地介绍他们装在桶里带回来的战利品。孩子们围成一圈，我和研究生告诉他们这些生物的奇特习性。我们会介绍某些寄居蟹和壳外的海葵如何建立共生关系，为了躲避掠食者，白棘三列海胆会抓住身边的任何东西。然后孩子们会获准摸一摸这些生物，他们总是惊奇地叫个不停。滑溜溜的海兔和轻盈的阳遂足逗得他们笑逐颜开，这样唾手可得的快乐是生物学家的职业生涯中我最喜欢的部分。

你也许会觉得，这么多孩子在海滩上跑来跑去，事态想必很难控制，但实际上，这是我参与过的策划最完善的野外考察。多年来我总是惊叹，每一次活动的时间总是流逝得那么快、那么顺畅。每个孩子都有一个成年监督者，通常是家长，他们会确保孩子们保持队形、举止得体。孩子们在外面玩耍的时候，海滩上的老师们早就做好了准备。我要做的不过是带着几个朋友按时出现，回答一些关于海洋无脊椎动物的问题，其他事情都不用操心。

当然，除了那天以外。

那一天，出现在海滩上的队伍多了一支，因为那个学校的负责人忘了提前确认当天是否有空位。那一天，按照预定日程参加活动的孩子和家长本来就比平常多了20个左右，更别提另一个学校又来了差不多50人。那一天，由于人实在太多，孩子们只能去更远处搜罗战利品，所以他们一有发现就赶快拿到我们面前。我身边的志愿者也比平时少，其中还有一个是我的前男友，我和他分手还不到一周。那一天，孩子们找到了瓦纳，在我参加过的海滩活动中，那是唯一的一次。

瓦纳是冠海胆科（Diadematidae）的夏威夷名字。夏威夷的海胆大约有20种，其中大部分完全无害。本地人把生长在石缝里的梅氏长海胆（*Echinometra mamillatus*）和斜长海胆（*Echinometra oblonga*）称为"依娜"。虽然这些动物很少露面，但短而粗的棘刺让它们成了最适合拿来给孩子们讲课的物种。它们的刺看起来足够锋利，似乎很危险，但实际上这些刺都很钝，谁也不会受伤。白棘三列海胆，或者说"哈哇伊"，是本地著名的美味。还有盔帽海胆（*Colobocentrotus atratus*）和石笔海胆（*Heterocentrotus mamillatus*），无论你多用力去抓，它们的刺都不会扎进你的皮肤。当然，接下来就是瓦纳了，这个词可以指冠海胆属（*Diadema*）和刺棘海胆属（*Echinothrix*）的物种，尤其是带条纹的环刺棘海胆（*E. calamaris*），但不幸的是，这个物种的某些个体没有条纹。

在外行眼里，或者说，在一位被一群失控的二年级学生围在中间、试图在分手后第一次见面的前男友面前表现得镇定自若的研究生眼里，环刺棘海胆的黑色变种看起来有些像那些普通的黑色海胆——当然，实际上它们的差别大了去了。刺棘海胆属的最外层棘刺要长得多，而且这层棘刺的里面还藏着一圈更短更细的刺——这才是你应该不惜一切代价避开的东西。和冠海胆科的其他成员一样，环刺棘海胆不光外表凶猛，它们还携带着能带来剧痛的强效毒素，所以我绝不该把手伸到透明的塑料盒里去抓它。

当然，那天我不够专心，但我知道盒子里那只黑海胆和别的不太一样。它的个头更大，刺更长更锋利。它看起来就是不太对劲。但无论如何，那一刻我决定试着把它弄走。孩子们围着我吵吵嚷嚷，我觉得有点儿崩溃，而且我得清理盒子里的动物，然后设法让小家伙儿们安静地坐下来，听我讲他们到底发现了什么。但是，就在碰到它的那个瞬间，我知道自己犯下了大错。六根短刺扎进了我的手指，每根刺都释放出了一股深紫色液体。一句脏话从脑子里掠过，我咬紧牙关才把它憋了回去。我知道事情不妙。

伤口很疼，不过刚开始我以为自己撑得住，所以我强忍疼痛，继续工作。我的志愿者们都还在水里，我不想把孩子们丢在无人管束的海滩上。我小心地抬起被刺中的那根手指，继续把盒子里的动物分门别类地转移到桶里。但伤口的悸痛变得越来越剧烈。大约10分钟后，我开始觉得头重脚轻，恶心想吐；我的胸口开始发紧。接下来，当然，前男友适时出现了，他体贴地搂着我的腰，问我怎么了，就像他还是我的男朋友一样。我受不了了，我感觉自己无法呼吸。我得离开这里，把手指上的刺挑出来。

海胆的螯刺不会致命，但在当时的情况下，你很容易忽视这个事实。灼烧般的疼痛从肿胀的手指源源不断地向外蔓延，我痛苦地克制着呕吐的欲望，蹒跚地走向海滩上的急救区，刚走到孩子们听不见的地方，我立即压低声音开始咬牙切齿地咒骂。手疼得越来越厉害，我真切地感受到了严重螯伤引起的全身性反应——按照医学文献的描述，"可能导致晕眩、心悸、虚弱、肌肉麻痹、低血压、支气管痉挛和呼吸窘迫"[19]。

我快速清点了急救区的存货，没有醋，也没有热水。真见鬼。这两样东西都能救命，高温能抑制毒素成分的活性，醋能溶解毒刺。我绝望地在急救箱里翻找镊子。我已经任由毒刺在我的手指上扎了差不多半小时，它正在缓慢地将毒素源源不断地注入我的血肉。我只需要……啊哈！找到了！我用镊子夹住第一根毒刺的根部向外拔，一阵剧痛如闪电般击

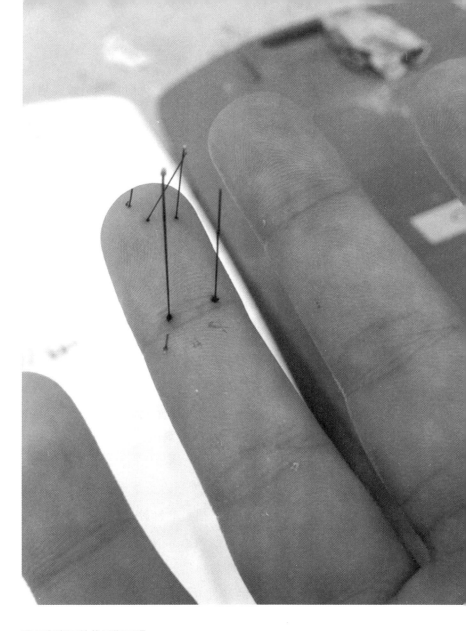

我与有毒瓦纳的不期而遇
(© Christie Wilcox)

中了我的手指，我不由自主地泄了劲儿，但毒刺仍顽强地留在原处。我能做到吗？我开始自我怀疑。

谢天谢地，另一位研究生及时出现，解决了这个难题。她小心翼翼地拔掉了我手上的6根毒刺。几分钟内，疼痛就开始消退；不到1小时，我已经回到人群中，（谨慎地）帮助大家给活动收尾了。这是我第一次感受到防御性海洋有毒动物带来的剧痛。我希望（或许有些天真）这也是最后一次。

作为科学家，我很好奇为何瓦纳能带来剧痛，但依娜却完全无毒。虽然我们知道剧痛来自防御性毒素中的某些化合物，也知道这些物种为何会身怀剧毒，但我们还不清楚它们最初是怎么演化出毒素的。当然，我们知道基本的机制——潜在的毒质基因通过随机复制产生毒性变异，新的副本从本职工作中解脱出来，得以自由变异，承担新的任务，毒素就此产生。同样的道理也适用于掠食性的毒素：复制让基因得以摆脱本职工作，为新用途腾出了空间。不过，是什么样的选择压力让这些毒质变得越来越强，动物维持剧毒的动力又来自何方？

对于蛇类和其他利用毒素捕猎的物种，我们有很多理论可以解释其背后的机制。我们知道，演化是一场共同参与的全民运动。我们可以研究那些通过共同演化获得了抗毒性的物种，审视掠食性毒素的活性和目标猎物身体之间的关系，解开这个谜团：神秘的演化之手将毒素成分精准地磨砺成了有助于捕猎或消化的毒质。

但防御性毒素又是另一回事了。这种毒素必须应对各种各样的潜在掠食者，这些敌人的生理系统可能相差云泥。比如说，为了保护巢穴，子弹蚁需要对付的敌人可能包括哺乳动物、鸟类，甚至爬行动物。而且它们的毒素还不能让自己疼，这意味着携带防御性毒素的物种必须设法让自己免疫这种普适性的毒质。部分物种的解决方案是将毒质单独存放在某个小隔间里——不错的策略，但这样一来，它们就无法抵御同类的攻击了。还有一些物种能够免疫自己的毒质，所以它们不怕同类的螯咬。不过就很多动物而言，我们还不知道它们是怎么做到的。

或许是为了普适性而做出的妥协，相对于攻击性毒素来说，防御性毒素的成分要简单一些，[20]而且它们通常作用于人体反应最快的生理系统：我们的神经。防御性毒素必须快速起效；既然掠食者已经发起攻击，那么它越快回心转意，就越有利于潜在的猎物。比如说，如果某种鱼的毒素要过几分钟才能致痛，那么等到所谓的防御性机制起效，它早就被敌人吞下去消化掉了。神经传递信号的速度快得不可思议，所以这类毒素几乎立即就能生效。疼痛不光会给掠食者惨痛的教训，而且立竿见影。

悲伤的是，目前我们对防御性毒素的演化之路依然所知甚少，但有线索表明，它一定有迹可循，例如致痛机制的收敛性。不过，要理解防御性毒素的演化过程，我们必须进一步研究这些毒素。在科学家眼中，研究防御性毒素似乎不那么紧迫，所以大量资金和时间流向了那些可能严重破坏身体功能的有毒物种，这完全可以理解。虽然我们对防御性毒素仍缺乏深层的理解，但对于那些以身体其他系统为目标的毒素，我们的了解要深入得多，例如攸关生死的血液系统。

Chapter 5

血　毒

Bleed
It
Out

因为活物的生命是在血中。

——《利未记》17：11

如果你要去秘鲁亚马孙旅行，有几样东西千万别忘了带上。高避蚊胺含量的防虫喷雾可以帮助你抵挡传播疟疾的蚊子和携带其他疾病的恼人虫子；在崎岖泥泞的丛林中跋涉时，厚袜子可以保护你的脚；雨具一定得买好的——别忘了，那可是雨林。当然，你还得带上足够的衣服，这样才能保证每次离开丛林后都有干爽舒服的衣物可换。

　　然而在进入亚马孙的第一周，这些东西我一样都没有。

　　在洛杉矶转机前往秘鲁时，我以为自己托运的行李已经从上一个航班顺利转到了下一个航班。但我错了。到了利马以后我才发现行李滞留在了洛杉矶，得等到第二天上午才能拿到。考虑到次日一早我就得飞往马尔多纳多港，然后马不停蹄地沿河而上，赶去坦博帕塔保护区的坦博帕塔研究中心，我很担心行李能否及时送到。工作人员建议我在利马多待一晚，等待延误的行李，我听从了他们的建议。但我的行李依然没有出现。工作人员向我保证，行李抵达后（他们说明天肯定能到），他们会立刻帮我转运到马尔多纳多港，于是我继续向前赶路。然而直到5天后，我才拿到自己精心收拾的衣服和野外装备。所以我身穿无袖背心和紧身牛仔裤，脚踏登山鞋，背着相机和电脑进入了雨林——这就是我在飞机上随身携带的所有东西。

起初几天情况还不算太糟。每晚我都把衣服挂在外面晾干，同时尽量保持干净。不过到了第4天，外面下起了大雨。每一次重新穿上沾满泥巴的湿衣服，我总会情不自禁地打个哆嗦。由于缓冲不足，我的脚上起了水泡。我浑身上下都脏兮兮的，但却没有肥皂。到了第7天，我简直变成了一头野猪，就是我们在雨林中见过的那种——单凭气味你就能发现我的行踪。

然而我奔波万里，就是为了寻找某些动物，这些小小的不适无法阻止我的脚步。我的目标是亚马孙丛林中最致命的东西：不是美洲虎，也不是水蛭，而是一种能让我流血至死的毛毛虫。

人类与血液的关系十分复杂。"血"这个词单单在《圣经》里就出现了差不多400次。古希伯来人将血视为生命之液，对他们来说，血属于主，因此他们绝不能容忍对血的任何浪费（动物必须放干血以后才能食用）。生命和血的关系如此密切，所以血是再合适不过的纯洁祭品，在他们眼中，就连经血也是洁净甚至神圣的。赋予这种红色液体特殊重要地位的不仅仅是以色列的先民，全球范围内的很多文化中都存在洒血或喝血的习俗（作为仪式的一部分或者仅仅为了获得营养）。不过，这种所谓的生命精华也常被视作死亡和疾病的源泉。几百年来，很多文化都认为血是疾病之源，由此衍生出五花八门的放血疗法和工具。

血液的确是人体的重要组成部分，对于这一点，你应该不会感到惊讶。这种液态结缔组织占据了人体体重的7% ~ 8%，它是沟通器官与组织的交通要道，从本质上说，血就是你体内的快递员，所有东西都由它负责打包运输。你的肺利用血液为身体输入氧气，排出二氧化碳；消化系统小心地将食物分解成可运输的小单元，然后通过血液将这些营养物质输送给各个器官；你体内的所有垃圾都由血液送往肝和肾，再经由这两个器官排出体外。营养物质和代谢产物以极高的效率在人体的快递系统中飞速传递，确保所有器官系统协同合作、各尽其职。我们的血液甚至能运送免疫细胞，为体内的防御单元提供运输服务。

红细胞大约占总血量的40% ~ 50%，顾名思义，这种细胞赋予了血液鲜红的颜色。红细胞内有血红蛋白，这种含铁的分子能将氧气输送到身体各处。血小板（凝血细胞）在血液中的占比要小得多，部分是因为它们的个头很小：血小板的直径只有红细胞的1/5，每微升血液中有15万～35万[1]个血小板，但它们在总血量中的占比却不到10%。白细胞（白血球）是个头最大的血细胞，也是身体免疫系统的重要组成部分，不过尽管它们体形较大、作用关键，却只占据了总血量的1%。最后我们要介绍的是血浆，这种淡黄色液体含有丰富的糖、脂肪、蛋白质和盐，它负责运送红细胞、白细胞和血小板；血浆占据了人体总血量的55%。

　　红细胞运送氧气，白细胞击退感染，但血小板承担的任务才是重中之重：它的职责是确保我们能够保住生存必需的血液。血小板是人体的创伤响应小分队。一旦某条血管破裂流血，血小板就会立即赶到现场，开始制造我们所说的"凝块"来修复损伤。它们会变得黏糊糊的，跟其他血细胞聚集成团，堵住伤口，防止珍贵的血液进一步流失。要是没有血小板和它携带的化合物，那么哪怕最细微的伤口也会让你流血不止。蛾类、蚊子等携带血毒素的动物瞄准的正是这个命门。

　　想象一下，你正在畅游巴西最南部的南里奥格兰德州，突然间，你觉得很不对劲。你的手开始肿胀，你感觉晕眩、恶心、

　　　　　有毒：从致命武器到救命解药，看地球致命毒物如何成为生化大师

头重脚轻，嘴里有股铜腥味儿，就像含着一枚硬币。然后，你就像被一辆卡车撞了一样——大片的瘀青出现在身体各处，尽管你根本没有受到任何撞击。赶往医院的途中，你觉得自己的身体正在由内而外地崩溃。你的血肆意流淌，它们离开血管，流到了不该去的地方。严重的内出血最终可能导致脑出血或肾衰竭。你发现自己命悬一线，却不知厄运来自何方。

算你走运：你刚刚和刺客毛虫发生了一次亲密接触，它是世界上毒性最强的昆虫，也是新天蛾亚科（Hemileucinae）的明星，我前往亚马孙正是为了寻找它。症状出现之前，很多人根本不会发现自己被刺客毛虫螫了，最后往往为时已晚。

新天蛾亚科 [天蚕蛾科（Saturniidae）] 的很多成员都相当平凡。它们都拥有棕色的身体和毛茸茸的触须，简而言之，就是常见的蛾子。尽管这些蛾子平平无奇，但它们的幼虫却相当夺目。新天蛾亚科毛虫可跻身地球上最美丽的动物之列。它们通常拥有鲜艳的颜色，例如醒目的红色、绿色和蓝色；不过更重要的是，这些毛虫的每个体节上都长着精致的凸起，看起来就像一簇簇精心拉制的玻璃丝，或者仿佛从柔软身体中长出的一棵棵小树。这种精致的结构看起来很像毛发，但要是你真把它当成毛发冒冒失失地摸上一把，那你可就犯下了大错。新天蛾亚科幼虫身上长的并不是毛，而是刺，并且每一根小小的尖刺都有毒。

尽管我们已经有了抗毒血清，但这些毛虫每年都要在巴西夺走好几条人命，而且通常是因为发现得不够及时。这种死法非常痛苦，受害者临终前要经历几小时甚至几天多器官衰竭的折磨。很多动物的毒素都会影响血液循环系统，但刺客毛虫堪称破坏血液系统的大师。每一根纤细的类毛棘刺都是一支致命的针剂，棘刺尖端会刺破受害者的皮肤，让毒质畅通无阻地进入身体。遇到一只刺客毛虫就够糟糕了，然而它们还喜欢成群结队，这意味着你常常会同时遭遇好几只毛虫。如此大剂量的强效毒质会引发医生所说的"出血综合征"（hemorrhagic syndrome），主要症状包括眼鼻黏膜出血、伤口流血不止甚至危及大脑的内出血。

奇怪的是，刺客毛虫毒素引发的出血综合征在爆发之初反而会加强身体的凝血功能：一旦进入受害者体内，这种毒素中的某些成分就会立即刺激血液循环系统，制造出大量凝块。由185个氨基酸分子组成的Lopap（这个名字的全称是"刺客毛虫凝血酶原激活蛋白质"）[2]在血管中飞驰，不分青红皂白地鞭策身体源源不断地产生凝块。与此同时，Losac（刺客毛虫第十凝血因子激活剂）[3]推波助澜，制造出更多凝块，这种毒质的作用类似丝氨酸蛋白酶（serine protease，这种酶能够切断蛋白质），虽然二者的结构完全不同。两种毒质双管齐下，导致全身血液自发凝结，用医学术语来说，这叫"弥散性血管内凝血"（disseminated intravascular coagulation，简称DIC）。过多的凝块本身就足以致命，因为它们会在体内周而复始地循环，最终总会在某个地方卡住，从而堵塞血管，导致中风。而且更重要的是，Lopap 和 Losac 引起的凝血会耗尽所有血小板，所以哪怕最细微的伤口也会让中毒者流血不止，无法控制，虽然你根本看不到伤口在哪里。

相对于可怕的幼虫，刺客毛虫长大后变成的蛾子可谓人畜无害，它们的平均寿命只有一周。在短暂的成虫阶段，雌蛾必须找到配偶，完成交配产卵（每次最多可达70枚），等到雌蛾死亡约两周半以后，这些卵才会孵化成致命的毛虫。这种动物一生中的大部分时间以毛虫的形态度过，这个阶段长达三个月；携带毒素的刺客毛虫啃食着雨林中的水果，随时准备对懵懂无知的受害者发起致命的攻击。

我穿着紧身牛仔裤四处找寻，却完全没有发现刺客毛虫的踪迹。讽刺的是，除了刺客毛虫，我还得小心提防其他携带血毒素的动物。血毒素是指以血液和组织为目标的毒素，在所有携带血毒素的动物中，刺客毛虫固然最为致命，但它却不是最常见的物种。最广为人知的血毒大师以古怪的饮食习性著称，它们激发了无数创作者的灵感，甚至造就了一个独特的影视题材：吸血鬼。

吸血鬼的原型是科学家们所说的"食血动物"。吸食血液是一种高度特化的饮食习性，因此食血为生的寄生虫也成了有毒动物中最特殊的一类。是的，所有食血动物都有毒。为了吸食宿主珍贵的体液，所有吸血物种都会分泌特殊的毒素。

杀死猎物是一回事，但要靠近猎物，品尝对方珍贵的生命之血，最后再悄无声息地扬长而去，那又完全是另一回事了。食血动物之所以需要毒素，不光是为了接近宿主，更重要的是愚弄对方，以免自己被一巴掌拍死。正是出于这个原因，蚊子、蜱虫甚至吸血蝠的毒素才会惊人地相似。这些大自然最精准的抽血者配备的毒素中含有止痛剂，可以掩饰真正的出血点，除此以外，还有负责对抗或蒙蔽免疫系统的化合物，以及破坏凝血机制的抗凝剂。

说到食血动物，我总会不由得想起2003年的一件事，那是我的大学生活中最值得回味的记忆。刚上大学的时候，无脊椎动物生物学是我本科的必修课。这门课的教授以打分严格著称，不过作为一位寄生虫学家，她常在课堂上分享一些精彩故事（寄生虫学家的肚子里永远装着无数好故事）。我一直记得她开讲环节动物门蛭亚纲（subclass Hirudinea，也就是我们常说的水蛭）时提到的那个故事。教授告诉我们，她养过名叫德古拉和德古拉二世的水蛭当宠物，还曾把它们带到课堂上现场给学生演示。但她现在已经放弃了这个做法，根据我的记忆，原因是这样的：

有一年，教授把德古拉带到课堂上，让学生们看看活的水蛭到底是什么样子。她满怀激动地走上讲台，取出盛满水的透明容器，逗弄心爱的宠物，让"他"在水里游了起来（采用"他"这个代词其实有些武断，因为水蛭是雌雄同体的）。虽然水蛭的食性让人觉得有点儿恶心，但它们游泳的姿态相当优雅：这种动物会有节奏地在水中蠕动，宛如一条完美的正弦曲线。伴随着德古拉优雅的水中杂技，教授向学生介绍了这种运动涉及的肌肉；随后，她镇定地把德古拉放在自己的手臂上，让他吸自己的血，同时向大家介绍他的口器和毒素中的抗凝剂。她总是用自己的血喂养心爱的宠物（我发现许多寄生虫学家都爱这么干）。和大部分水蛭一样，德古拉通常会吸几分钟血，温暖的美味让他的身体慢慢膨胀，等到吃饱以后，他会心满意足地松开口器掉下去。

不过有一天，德古拉碰巧咬到了一条很棒的血管。吃饱喝足以后，他像往常一样掉了下去，但教授的血却还在继续流淌，怎么也止不住。

教授低估了德古拉分泌的抗凝毒素，那一天，当着全班同学的面，她试图擦干鲜血汇成的"小池塘"，但很快她就发现，一切努力都是徒劳。显然，这场意外让某些同学感到不适，不久后教授得到了礼貌的告诫：或许以后您不应该再做这样的演示。

和其他食血动物一样，德古拉的毒素就是能带来血流不止的效果。一旦水蛭（蚊子和吸血蝠也一样）刺破宿主的皮肤，受害者的血液就会变得更加黏稠。血小板与细胞外基质（ECM，这种胶状的复杂物质存在于细胞之间，受伤会导致ECM暴露）中的黏性分子（例如胶原蛋白和纤连蛋白）相互作用，让血液迅速凝结。

血小板的某些成分会与 ECM 的蛋白质成分产生一系列相互作用，比如说，血小板糖蛋白受体会结合血管性血友病因子（vWF），胶原蛋白受体则会结合胶原蛋白。这样的结合会导致受害者体内的血栓素 A_2（TXA_2）和二磷酸腺苷（ADP）水平激增，这两种物质都会刺激血小板，开启血小板聚合的通路，让越来越多的血小板赶到现场。血小板活化又会促使身体释放出肾上腺素和血清素，从而进一步促进血小板聚合；与此同时，血小板活化还会促进凝血酶的分泌，这种化合物凝血效果极强。最后，伤口会被一大团凝块堵住。刺客毛虫毒素的目标是促进凝块形成，但食血动物必须阻止凝块形成，若是凝块已经出现，那就不惜一切代价去破坏它。

吸食结块的血液无疑相当困难，你不妨想想用吸管吸奶昔里的香蕉块时是什么感觉。所以，食血动物在叮咬时随唾液进入受害者体内的毒素中含有抗凝剂，可以预防凝块的形成。为了保持血液流淌，这些吸血物种依靠的化合物不止一种，事实上，每个吸血物种的毒素中都含有多种不同的抗凝剂，其中有的化合物分子量只有 5 千道尔顿（kDa，$1kDa≈1.66×10^{-21}$ g），而有的化合物比最小的大 1000 倍。科学家说，吸血动物毒素中的抗凝剂种类多得"惊人"，凝血过程中的每一个步骤都有针对性的专门毒质。

有的毒素分子从源头下手，它们会抢先结合血小板受体或者暴露出来的 ECM 成分，例如胶原蛋白；有的毒质会破坏

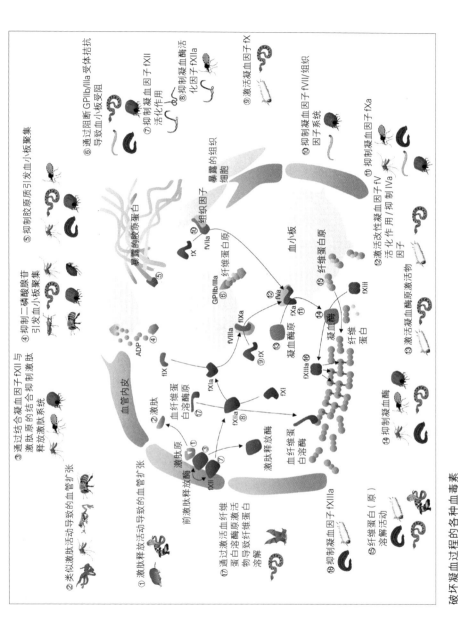

③ 通过结合凝血因子fXII与激肽原的结合抑制激肽释放激肽系统

④ 抑制二磷酸腺苷引发血小板聚集

⑤ 抑制胶原质引发血小板聚集

⑥ 通过阻断 GPIIb/IIIa 受体拮抗导致血小板聚集

⑦ 抑制凝血因子fXII活化作用

⑧ 抑制凝血酶活化因子fXIIa

⑨ 激活凝血因子fX

⑩ 抑制凝血因子fXIa/组织因子

⑪ 抑制凝血因子fXa

⑫ 激活改性凝血因子fV活化作用/抑制IVa因子

⑬ 激活凝血酶原激活物

⑭ 抑制凝血酶

⑮ 激活改性凝血因子fXIII

⑯ 纤维蛋白(原)溶解活动

⑰ 通过激活血纤维蛋白溶酶原激活物导致纤维蛋白溶解

⑱ 抑制凝血因子fXIIIa

① 激肽释放活动导致的血管扩张

② 类似激肽活动导致的血管扩张

暴露的胶原蛋白

组织因子

血管内皮

血小板

纤维蛋白原

fX   fVIIa

纤维蛋白原

GPIIb/IIIa   fXIII

⑫ fVa

ADP   fVIIIa   fIXa   Xa   ⑪

⑨ fIX   凝血酶原 ⑬   ⑭

fVIIIa   纤维蛋白   ⑯

血纤维蛋白溶酶原   凝血酶   fXIIIa ⑯

fXIa   ② 激肽

fX   血纤维蛋白溶酶原   fXI

激肽原   fXIIa ⑧

③   ⑦

fXII   血纤维蛋白溶酶

激肽释放酶

前激肽释放酶

暴露的组织细胞

纤维蛋白原

破坏凝血过程的各种血毒素

(© Bryan Grieg Fry)

或占用ADP、TXA$_2$、肾上腺素和血清素，阻止它们生效；还有一些毒质作用于凝血过程的下游，它们会封锁凝血酶，不让它发挥作用。有的抗凝剂以酶的形式存在，如磷脂酶、金属蛋白酶、透明质酸酶、腺苷三磷酸双磷酶；除此以外，还有凝集素、脂质运载蛋白和蛋白酶。从臭名昭著的蚊子到跳蚤，再到蜱虫和吸血蝠，所有吸血动物的毒素中都存在着这些化合物的各种变体。德古拉这样的水蛭体内也有丰富的抗凝剂，科学家单单从水蛭的毒素中就分离出了10多种抗凝化合物。[4]

　　的确，水蛭和它们的抗凝剂入药已有数百年的历史。早在现代科学告诉我们水蛭毒素中含有60多种生物活性化合物之前，医生已经在利用这些动物治疗各种疾病了。直到今天，仍有医生会用活水蛭来治病；这种动物可以改善循环，降低移植和再植手术的排异风险，临床医生甚至会用水蛭治疗静脉曲张。比伐卢定（Angiomax）是血管成形术等现代外科手术中常用的一种抗凝剂，事实上，这种小分子肽就是以欧洲医蛭（*Hirudo medicinalis*）毒素中的某种化合物为基础制造出来的。目前已经有三种基于毒素的抗凝药进入美国市场，比伐卢定只是其中一种。这意味着六种基于毒素的抗凝药中已经有一半得到了美国食品药品监督管理局（FDA）的批准，另外还有几种"以毒攻毒"的药物正在临床试验。医生格外重视这些化合物调节循环的效果，因为循环失调往往会带来大麻烦。血毒素成分能够调节心率、血压和凝血机能，所以深受药学研究者的青睐，稍后本书将介绍更多这方面的内容。

对吸血动物来说，除了抗凝剂，毒素中的其他成分也同样重要。食血物种的宿主体形通常比它们自己大得多，所以它们必须悄悄地进食，不能惊动任何主动和被动的防御系统。

为了让"饭票"在一无所觉的情况下"献血"，吸血物种的毒素中含有镇痛剂、抗炎成分和抑制免疫反应的化合物。有的抗凝化合物具有双重效果，因为血清素和凝血酶之类的促凝化合物会引发疼痛和炎症；与此同时，毒素中的另一些成分专为隐藏行迹而生。比如说，蜱虫毒质中含有各种镇痛剂和抗免疫化合物，因为它们可能会在一个宿主身上待好几天；相对于行踪不定的蚊子，蜱虫被发现的概率要大得多。

吸血毒素真正令人惊讶的地方在于数十种化合物产生的强大的协同效果。这些毒素能在短时间内轻而易举地攻破人体最重要的系统，同时不会造成严重伤害——只要搭车客别捣乱：众所周知，很多昆虫会携带病原体。要不是因为别的物种会搭乘吸血毒素进入受害者体内，例如疟疾、登革热和其他病毒，我们原本可以认为食血动物基本无害。吸血毒素本身精准而温和。归根结底，宿主受到的伤害越小，就越有利于吸血动物：在它们饱餐一顿以后，宿主越健康，就越有可能提供下一顿美味。

当然，某些携带血毒素的动物没有水蛭和其他吸血动物那么巧妙的手段，它们造成的伤口也不如刺客毛虫那么隐蔽。

你绝不会用"精妙"之类的词语来形容体形最大的血毒动物，我说的是现存最富传奇色彩的爬行动物：科莫多巨蜥（Komodo dragon，学名 *Varanus komodoensis*）。

从记事起，我就盼望着一睹科莫多巨蜥的尊容，因为它出现在我最喜欢的书《最后一眼》（*Last Chance to See*）中。这本书的作者是道格拉斯·亚当斯（Douglas Adams），是的，就是那个道格拉斯·亚当斯，他最出名的作品是一套描绘行星际搭车之旅的科幻小说。别误会我的意思，《银河系搭车客指南》（*The Hitchhiker's Guide to the Galaxy*）和亚当斯的其他作品都很棒。但《最后一眼》的确独一无二，亚当斯的生花妙笔在这部关于动物保育的非虚构作品中体现得淋漓尽致。实际上，他只是简单地讲述了自己和生物学家马克·卡沃汀（Mark Carwardine）一起走遍全球，探访地球上最濒危物种的故事，各种动物在他看似闲适的笔触之下栩栩如生，从官僚到扒手，再到装腔作势的鹦鹉和吃人的蜥蜴。

我在《最后一眼》中第一次读到了科莫多巨蜥。这种生物是地球上恶名昭彰的动物之一，据说地图上"此处有龙"的警告就是源自于它。科莫多巨蜥是现存最大的蜥蜴。有记载的体形最大的科莫多巨蜥体长超过3米，体重超过160千克。

这种恐怖的怪兽什么都吃，从猪到水牛都不放过（水牛肩高可达1.8米以上，体重超过450千克）。科莫多巨蜥的大嘴里长着长达2.5厘米的牙齿，足以轻松撕开血肉。与蛇类类似，它们靠分叉的舌头精准探测空气中的细微气味，以此来感知猎物。根据20世纪80年代许多科学家的描述（亚当斯在自己的书里也提到过），这种杀人怪兽最可怕的地方在于，科莫多巨蜥进食的腐肉会催生致命的细菌，这些细菌就躲藏在它们散发着恶臭的唾液里。被科莫多巨蜥咬过的猎物就算没有当场丧命，最后也会死于细菌引发的败血症。但这些科学家都错了，包括亚当斯在内。

很长一段时间里，文明世界的科学家一直认为，印度尼西亚有龙的传说不过是水手们编造的故事。直到20世纪初，野外搜集的大量样本才证实了古老的传说。现在，我们确凿无疑地知道，印度尼西亚真的有"龙"。但现代科学同样表明，科莫多巨蜥充满传奇色彩的"细菌毒吻"不过是流言而已。

其实这种说法由来有因。人们之所以会认为科莫多巨蜥的嘴里藏着剧毒的细菌，是因为科学家瓦尔特·奥芬贝格（Walter Auffenberg）在20世纪70年代观察到的一些现象。奥芬贝格发现，科莫多巨蜥会袭击水牛，但它们很难当场杀死对手。水牛会逃跑，科莫多巨蜥却不会放弃，它们会在猎物身后跟上好几天。水牛的伤口很快就会出现坏疽，最后，巨大的水牛因感染而死，或者因为过于虚弱而无法抵挡巨型蜥蜥的下一次攻击。于是科莫多巨蜥就能饱餐一顿了。

所以奥芬贝格提出，"咬伤引发的败血症和菌血症会让猎物虚弱乃至死亡，或许这就是科莫多巨蜥独特的捕猎机制"。虽然这个想法似乎有些牵强，但科学家的确从科莫多巨蜥的唾液中分离出了病原菌，为这个疯狂的想法提供了证据支持。换个角度来想，你或许就不会觉得那么难以置信了：很多物种会利用细菌来制造致命的毒质。比如说，蓝圈章鱼携带的河豚毒素其实不是它们自己制造出来的，是章鱼体内组织中的共生细菌帮助它完成了这个艰巨的任务。很多物种会从食物中汲取毒素，某些以海葵和水母为食的裸鳃类生物（海蛞蝓）甚至会从猎物体内提取完整的刺细胞来充实自己的武器库。但培养有毒细菌用于捕猎，这种利用生物来充当毒素的方式我们的确闻所未闻。

昆士兰大学的毒素专家布赖恩·弗里无论如何都不能接受奥芬贝格提出的假说。根据自己亲眼所见的情况，他认为科莫多巨蜥是一种相当干净的动物。"科莫多巨蜥在进食后会花10～15分钟时间舔自己的嘴唇，用头磨蹭树叶清理嘴巴……很多人想象科莫多巨蜥的牙齿上总是挂着成块的腐肉，那是细菌理想的温床，但事实并非如此。"[5]除此以外，我们还有其他方面的证据。在科莫多巨蜥生活的海岛上，水牛是一种外来物种，这种蜥蜴其实更习惯于捕食体形较小的猎物，例如猪或者小鹿。它们不需要细菌也能杀死这些猎物，一旦被科莫多巨蜥咬中，这些小家伙儿不出一小时就会因流血过多而死。

此外，和其他巨蜥（巨蜥属的大型蜥蜴）一样，科莫多巨蜥是蛇的近亲。2005年，布赖恩和他的同事发现，这个支系的所有爬行动物物种都拥有同样的毒素基因，[6]这意味着所有巨蜥和蛇的远古先祖都有毒。尽管事实摆在眼前，仍有一些人坚定不移地相信科莫多巨蜥的唾液中含有致命细菌。几年后，布赖恩和他的团队用磁共振成像仪（我们用同样的技术来探查人体损伤）扫描了科莫多巨蜥的头部，发现这种蜥蜴的确拥有毒腺；[7]实验室研究还表明，科莫多巨蜥分泌的毒质可导致血压大幅下降。但那些抓着迷思不肯放手的人仍坚持说这些发现"没有意义，毫无关联，大错特错，制造虚假联系"[8]。

最后，布赖恩做了个终极实验。以前曾有研究提取了科莫多巨蜥的唾液来做细菌培养，这一次，布赖恩带领团队重复了这个实验，不过他们使用的样品数量更多，技术也更先进。[9]结果他们并未在培养物中找到所谓的"病原菌"。[10]恰恰相反，科莫多巨蜥的口腔菌群和别的食肉动物几乎完全一样。总而言之，结果非常清楚：科莫多巨蜥唾液中的菌群"忠实地反映了它最后吃下的猎物的皮肤和肠道菌群，以及环境菌群的情况"，我们没有理由认为它会引发败血症。

但是，如果科莫多巨蜥的唾液中真的没有致命细菌，那受伤的水牛为什么总是会感染呢？这个问题的答案藏在水牛的名字里。水牛来自淡水沼泽，这种动物喜欢干净的流水和清澈凉爽的湖泊。但在林卡岛、科莫多岛和这种巨蜥惯于出没的其他岛屿上，干净的水源十分罕见，因为这里既没有孕育溪流的山地，也缺乏涵养干净淡水的蓄水层，所以水牛只能屈就于漂满粪便的温暖池塘。科莫多巨蜥的利齿和出血毒素能迅速杀死体形较小的猎物，水牛却很容易带着看似无伤大雅的伤口逃走。不过接下来，它们会回到自己日常生活的环境中——污水池里充满了致病的细菌，而科学家们曾经相信这些细菌藏在科莫多巨蜥的口腔里。"我曾在弗洛里斯岛上因航行事故受了严重的撕裂伤，结果得了败血症，"布赖恩说，"我可以证明，这样的环境能在极短的时间内引发危及生命的感染。"[11]之前的研究发现，5%的科莫多巨蜥口腔里的确存在有毒的细菌，布赖恩也对这个结果做出了解释：这些巨蜥很可能刚刚喝过脏池子里的水。

最后我们发现，杀死水牛的是它们爱水的习性，而不是科莫多巨蜥的毒素。不过，尽管科莫多巨蜥的嘴里没有什么致命的细菌，但它们的唾液依然有毒。对于体形不如水牛庞大的物种（包括我们）来说，科莫多巨蜥的利齿和强效毒素足以致命。

科莫多巨蜥没有蛇类的毒牙，但它们的毒腺在爬行动物里算是相当复杂的：[12]这种巨蜥的毒素储存在下颌的5个腺状隔腔内，通过锯状牙齿间的独立导管向外释放。每只科莫多巨蜥能储存的毒素总量超过1毫升，略多于五分之一茶匙。这种毒素含有上千种成分，它会攻击哺乳动物的心血管系统，导致血压大幅下降，抑制凝血，诱发中风；毒质中的血管舒缓素会释放血管扩张剂，拓宽动静脉，导致致命的低血压，同时促使身体释放出 III 型磷脂酶 A_2，这是一种强效的抗凝剂。值得注意的是，科莫多巨蜥的毒素中缺乏蛇类典型的神经毒质，不过细想之下你就会明白，和蛇类不同，科莫多巨蜥的目标不是让对手陷入瘫痪，而是给猎物放血。

可怕的利齿和强效的毒素赋予了科莫多巨蜥惊人的杀戮效率。你也许觉得长达 2.5 厘米的锯状牙齿足以杀死猎物，很多时候确实如此，但如果咬伤本身不足以致命，毒素会接着完成剩余的任务。利齿留下的撕裂伤会导致猎物大量失血，毒素保证了血液持续流淌，猎物血压持续下降，最终引发中风。如果大出血还不足以杀死倒霉的猎物，那么中风将完成最后一击——于是科莫多巨蜥就能大快朵颐了。

去巴厘岛出差的时候，我终于有机会一睹这种有毒怪兽的风采。我们来到弗洛里斯岛的拉布汗巴焦（Labuan Bajo）时，天色已近黄昏。同行的只有我和杰克——雅各布·比勒（Jacob Buehler）——两个人，当时我疯狂地爱着他。我们刚开始约会几个月，我就问他要不要一起去印尼"寻龙"，他毫不犹豫地表现出了极大的热忱。要不是他这么热情，我本该意识到这也许是他一生中做过的最冲动的决策，而且不太符合他平时的性格。和我不一样，杰克在做事之前总喜欢方方面面考虑周全。不过有他同行是件好事，他比我谨慎得多，他的审慎弥补了我的大大咧咧，这样的事情发生过不止一次。毕竟，在巴厘岛的乌布（Ubud），正是他劝我不要买香蕉去喂圣林里的猴子（"我听说它们会咬人，克里斯蒂"），但我当然没听他的（"我想让猴子骑在我肩膀上，杰克"），结果我果然被一只30厘米高的暴脾气猴子咬了一口，大约是因为它觉得我供奉的香蕉不够美味。我腿上的瘀青过了一周多才散，而且被迫打了8针免疫球蛋白和4针狂犬病疫苗。可是，喂，我拍到了跟猴子的合影！杰克保守的天性还救过我好几次，如果你要去的地方以吃人的蜥蜴著称，那再怎么小心都不为过。

我们拖到最后一刻才买好机票。飞机很小，而且摇晃得很厉害，我忍不住开始怀疑它能不能顺利飞到拉布汗巴焦，尽管巴厘省省会登巴萨（Denpasar）离那儿很近。下了飞机以后，我们乘坐雇来的船前往林卡岛，科莫多巨蜥就生活在那里。破旧的木船看起来随时都可能散架，船夫试了4次才把发动机打着了火，他的胡子看起来就像20世纪70年代的色情片演员，而且他只会说一点点英语。当然，不用说，这些都不重要，我们这次旅行的重点是近距离观察传说中的杀手。

科莫多巨蜥"吃人"的传言不算夸张，因为的确有这样的先例。2008年，一群迷路的潜水者在林卡岛上成功熬过了两个不眠之夜——为了赶走科莫多巨蜥，他们只能不停挥舞潜水配重块，冲它们的脑袋扔石头。[13]但很多人没有这样的运气。

飞机离林卡岛越来越近，不难发现，这地方绝不适合闲逛。崎岖的悬崖不怀好意地矗立在水面上方。正值旱季，棕褐色的枯草铺满了山坡，贫瘠的地面上间或点缀着稀疏的树木。林卡岛的荒芜和巴厘岛上生机勃勃的雨林形成了鲜明的对比。这里的一切看起来那么险恶，那么危险，我不禁开始想象，踏上这座岛屿的第一批游客心中一定充满了不祥的预感。如果说这座岛本身还不够让人望而生畏的话，那么等到他们终于弃船登岸，林卡岛上的怪兽一定会让他们明白世道的艰难。我有些期待在港口上看到那块警告意外闯入者的老旧木牌。"小心，"木牌上的字迹早已被盐和阳光侵蚀得斑驳褪色，"此处有龙。"

我们在岛上雇的向导是一位瘦高的印尼年轻男子，名叫阿克巴（Akbar）。阿克巴走路时总是拿着一根大棍子，很快他就告诉我们，这不是登山杖，而是防身的武器。林卡岛上的危险动物不止科莫多巨蜥，科莫多国家公园（Komodo National Park）是地球上毒蛇密度极高的地区之一，其中有10多种毒蛇足以致命。虽然在科莫多巨蜥面前，猪、鹿和水牛都是可怜的猎物，但实际上，这些动物一旦受惊也相当危险。不过阿克巴向我们保证不用担心。他有棍子。

没走多远，我们就发现了向导们挂在树上的几个颅骨。阿克巴解释说，人们在附近的几条小路上发现了这些颅骨，它们是科莫多巨蜥吃剩下的残骸。看到眼前的景象，与我们同行的一位英国姑娘似乎非常不安。

"你们不给科莫多巨蜥喂食？"她小心翼翼地问。

"不喂，它们会自己找吃的。"阿克巴胸有成竹地回答。

"要是它们抓不到猎物呢？那不就得饿肚子了吗？"

这个问题让阿克巴有些猝不及防。他想了几秒钟才答道："是啊，我想是吧。"

"要是它们饿了，那不就更危险了吗？"

阿克巴笑了。"有时候的确是。"

英国姑娘犹豫了一下，看了看他手中的棍子："你常常用到这根棍子吗？"

阿克巴的笑容扩大了："有时候。"

没过多久，我们就看到了第一头水牛。巨大的水牛安详地嚼着青草，它离我们所在的小路还不到15米。我们一行人蹑手蹑脚地靠近到了6米以内。我简直无法想象，科莫多巨蜥怎么能击倒这么庞大的动物。我说的不光是体形，虽然水牛的体形的确很大，但除此以外，它还装备着精良的"武器"，巨大的牛角威慑力十足，强壮的牛蹄足以轻松碾碎骨头。我举着相机继续靠近，想拍几张更好的照片，但杰克按住了我的肩膀。我知道他为什么要阻止我，尽管这头水牛现在还很平静，但要

有毒：从致命武器到救命解药，看地球致命毒物如何成为生化大师

此处有龙
(© Christie Wilcox)

是受到惊吓，它很可能朝我冲过来，而我很难及时避开。我翻了个白眼，但没有继续向前走。我们的向导在不远处发现了另一头水牛，它正在一潭死水的池塘里打滚——正是这种行为引发了"科莫多巨蜥的嘴里有致命细菌"的胡思乱想。

不过，当然，我来这里是为了看科莫多巨蜥，而不是水牛，林卡岛也没有辜负我的期望。"它们看起来其实没有那么吓人。"我们站在公园入口处，杰克低声说道。五只巨大的科莫多巨蜥决定在附近某座建筑物的阴影中打个盹，它们周围已经聚集了一小群人。杰克说得没错。五只怪兽懒洋洋地躺在那里，看起来迟缓而笨重。最近的那只离我们还不到 8 米，对于我们的出现，它似乎完全无动于衷。这几只怪兽加起来有好几吨重，它们是地球上最致命的蜥蜴，然而现在，这些动物仿佛完全没有意识到我们的存在。

在它们身后，一只年轻的科莫多巨蜥正在悠闲地漫步，不时吐出分叉的舌头。我试图想象那几只体形更大的蜥蜴也动了起来，四处找寻食物，却怎么也想不出那幅画面。"这些肥硕的蜥蜴显然过得很开心，"我想，"它们已经习惯了来来往往的游客。我敢打赌，阿克巴肯定撒了谎，说什么不会给科莫多巨蜥喂食，这些动物看起来完全不像是抓得到猪的样子。还有，周围有这么多人，要是它们还饿着肚子，那它们早就动起来了。"我向前走了一步，单膝跪地，给科莫多巨蜥睡眼惺忪的脸拍了张特写。

正如我所说，懒洋洋的科莫多巨蜥，没什么可害怕的……
（© Christie Wilcox）

杰克轻轻咳了一声。

"拜托，"我说，"它们不会动的。就让我再靠近几步吧？"

他严厉地看了我一眼。

"好吧。"我叹了口气，转过身来。他当然是对的。他总是对的。事实上，一路上咬过我的野生动物已经够多了（包括之前那只猴子和一条很凶的鱼），你也许觉得我应该已经学会了尊重某些界限。的确，从学术角度了解科莫多巨蜥的毒素就够了，没必要以身试险，我提醒自己。

我们开始往回走。

关于我在本章中介绍的这种动物，有一点十分明确：它们使用血毒素的方式相当不拘一格。有毒动物运用血毒素的方式五花八门，因为针对血液系统的毒素可以玩出很多花样。刺客毛虫和它们的近亲将凝血化合物变成了致命的防御武器；科莫多巨蜥利用毒素中的抗凝剂放干猎物的最后一滴血；蚊子和其他吸血物种拥有的毒素类似科莫多巨蜥，但它们只想喝几口血，不想杀死宿主；很多蛇类会利用出血效果让猎物丧失行动能力，进而杀死猎物。不过这些动物都有一个共同点：它们依赖的不是某种单一的毒质，而是多种化合物的协同作用。这些毒素的成分通常不太致命，然而当几种成分完美地结合在一起，血毒就变成了精确而高效的生物学机器，足以帮助毒素的制造者达成目标。

不妨以粗鳞矛头蝮（*Bothrops asper*）为例，它是世界上最危险的蛇。这种蛇原产于中美洲和南美洲北部，宽阔扁平的头部十分显眼，当地大部分中毒事件是这种蛇惹出来的。[14]

粗鳞矛头蝮毒素中的任何一种毒质单独拿出来都不足以致命，但这些化合物的组合却能摧毁受害者的循环系统。只要被它咬上一口，几种 P-III 金属蛋白酶（这种酶会利用金属来切断蛋白质）就会开始切割固定毛细血管的薄膜，导致毛细血管破裂或者变得不稳定。与此同时，一种名叫阿斯帕塞汀（aspercetin）的血小板凝集素开始聚合制造凝块的血小板，导致受害者流血不止。[15]磷脂酶和丝氨酸蛋白酶也会发挥作用，加剧出血效应。受害者很快就无法再控制自己的血液系统，自然也无法继续向肌肉和脑部供氧，最终要么陷入全身性的瘫痪，要么死于心血管崩溃。

科学家在分离粗鳞矛头蝮的毒素成分时发现了一件怪事：各成分之和不等于整体。1993 年，科学家从这种蛇的毒素中分离出了三种出血因子，并将它们分别命名为 BaH1、BH2 和 BH3。这三种因子组合在一起产生的出血效果能达到粗鳞矛头蝮毒素整体效果的 50% 以上，但要是独立使用的话，每种因子的效果只有联合使用时的一半。[16]这种现象不光出现在粗鳞矛头蝮身上，科学家在其他蛇类[17]、蜜蜂和胡蜂的毒素中也发现了类似的毒质协同效应。[18]

毒素化合物的协同效应或许可以帮助我们揭开这个领域最大的谜团：毒素中的化合物种类为什么这么多。乍看之下，毒素的这种特质似乎很傻。既然一种化合物就足以完成任务，为什么有毒动物还需要几百种毒质呢？对很多麻痹性毒素来说，一种毒质真的够了。要是一种毒质就足以导致大出血，刺客毛虫为什么还需要这么多不同的毒质？如果一两种就已绰绰有余，蚊子和水蛭又为什么要制造10多种抗凝剂？不过单一毒质或许不够保险，因为目标物种可能演化出抗性。失去了毒素的威胁，刺客毛虫很快就会沦为掠食者的盘中餐；毒素不能使受害者持续出血，吸血动物就只能饿死。单一的毒质只能完成一项任务，多种毒质才能预留出调整的空间和多样的发展方向，所以毒素才会如此复杂。明白了这一点，我们才能更好地理解自然选择是如何迫使动物演化出毒性的。

事实上，在所有拥有血毒素的动物中，像蚊子、水蛭和吸血蝠这样专注于吸血的物种是少数派。大多数含有抗凝剂、凝血干扰素和其他血毒成分的物种的毒素通常还附带了一些更……呃……更恶心的效果，就像粗鳞矛头蝮的毒素一样。我将在下一章中详细讨论这个问题。你最好先吃个晚饭，休息几个小时，然后再继续往下读。

Chapter **6**

为了更好地吃你

All the
Better to Eat
You with

她牙齿上的毒药是消化食物所必需的，与此同时，这毒药也能毁灭她的敌人。[1]

——本杰明·富兰克林（Benjamin Franklin）

第一次听见响尾蛇示警的情景我永生难忘。愤怒的响尾蛇摇动尾巴的声音如此独特，就算你此前从没听过这种声音，那震颤仍会直击你的内心深处，瞬间激起难言的恐惧。当时我立即僵在原地，分不清那噩梦般的声音来自哪个方向，离我到底有多远。它听起来那么……响亮。我情不自禁地低头看了看鞋子，隐隐盼望着看到一条蛇盘踞在我的双脚之间。

　　"小心脚下。"我想起奇普·科克伦（Chip Cochran）在15分钟前刚刚这么说过。奇普住在美国加州的洛马林达（Loma Linda）。我们出发去爬他家房子后面那座小山的时候，他警告我们："千万别踩到响尾蛇。"

　　几年前，我在一场国际性的毒素学大会上认识了奇普。

是的，我说的是毒素学（toxinology），而非毒理学（toxicology）。毒理学研究的是毒药及其效果，而毒素学研究的对象包括细菌、植物和动物毒质。奇普和我想象中的蛇类专家不太一样；我总觉得蛇类研究者都是些壮硕的大块头男人，他们的皮肤坚韧厚实，就连最锋利的毒牙也难以刺穿。但奇普只比我高一点点，长着一头短短的金发和一双明亮的蓝眼睛，两颊各有一个酒窝，看起来甚至有几分孩子气。在酒店的阳台上，奇普就着一杯啤酒兴高采烈地向我和另外两名研究生介绍他的项目，当时他正在研究小斑响尾蛇的毒素变异。他如数家珍地列举自己在"爬虫学家"的职业生涯中打过交道的各种蛇，眼中闪动着淘气而喜悦的光芒。比如有一次，一条黑曼巴蛇离他的脸那么近。"跟毒蛇打交道该是多么有趣啊！"我想道。于是当奇普提出我应该去洛马林达大学看看他的实验室时，我高兴地接受了他的邀请。很快我就如约而至：我跟着奇普走进了洛杉矶东边的沙漠，和他的顾问、一位著名的爬行动物学家比尔·海耶斯（Bill Hayes），以及实验室的同事一起寻找毒蛇。显然，毒蛇擅长隐蔽，短短一周的时间里，那已经是我第三次险些踩到毒蛇。

　　响尾蛇的警告仍未停歇，我站在原地动弹不得，那高亢的响声听起来十分怪异。慢慢地，我终于找到了声音的来源：它来自我右手边的一块大石头。奇普的反应比我快得多，他已经在搜寻那块岩石的缝隙了。"它在这儿呢。"他一边自信地宣布，一边招手示意我靠近。我看到一条小小的响尾蛇盘踞在石缝深处，啪啪作响的尾巴高举在空中。石块仿佛天然的麦克风，经过它的放大，响尾蛇的警告变得更加响亮。事实上，这条蛇只有大约60厘米长，而且它盘踞的地方离我们至少有1.2米远——这个距离相当安全。意识到这一点，我感觉自己的血压和心率慢慢降了下来。

就我所知，响尾蛇咬人事件在美国相当常见，但很少致命。事实上，美国每年大约会发生8000起毒蛇咬人事件，其中大部分是响尾蛇的功劳，但最终丧命的受害者不超过12人。和蝰蛇科的很多近亲一样，响尾蛇的毒素主要是血毒，目标是组织和血液，而非以神经为目标的神经毒素。虽然人们常常把血毒素和神经毒素分开讨论，但实际上，它们不是非此即彼的关系；血毒素和神经毒素更像是一条连续的谱系，二者之间没有明显的界限和分野。神经毒素通常更容易致命，因为它们会阻断神经信号或过度刺激神经系统，麻痹受害者全身的肌肉，尤其是攸关生死的隔膜肌、胸廓和心脏。从另一方面来说，血毒素的效果更加野蛮，它会导致大出血和坏疽，但却没那么致命。

临床上将活组织的死亡定义为坏疽，但冷冰冰的定义完全不足以形容这样的死亡到底有多么恶心恐怖。坏疽毒素会导致大片皮肤甚至整个肢体腐烂发臭、出血流脓。健康的粉色组织变得一片死黑，血肉液化形成脓肿，直到失去活力的腐烂肉块最终从骨头上脱落。难怪医生和科学家更喜欢用"坏疽"这个词一笔带过所有症状，而不愿意描述具体的细节。

当然，毒素只是忠实地完成了主人交付的任务。血毒素特别擅长破坏血肉，因为这正是它的目标：有毒动物需要对食物进行预消化，毒素中的一系列化合物和酶都是为此而生的。血毒素不仅能帮助响尾蛇征服猎物，还将开启漫长的消化过程，将皮毛和骨头转化为易于消化的食物。另一些血毒物种会利用毒素将受害者化为液体，然后再津津有味地啜食。不幸的是，如果这些动物因为自卫而咬了你，那么它们的毒素中辅助消化的化合物同样会撕裂你的组织，带来疼痛、肿胀和坏疽。

响尾蛇属于蝰蛇科，也就是我们常说的蝰蛇。我在上一章中提到过响尾蛇的亲缘种——粗鳞矛头蝮和它的强效血毒素。毒素中的各种元素会协同作用，彻底摧毁猎物的心血管系统。不过，当然，人类不是粗鳞矛头蝮的猎物，它咬我们完全是出于自卫。我们的体形比粗鳞矛头蝮的猎物大得多，所以它的毒素通常不会立即置人于死地。在所有的蝰蛇中，粗鳞矛头蝮和它的近亲（矛头蝮属的其他物种）特别擅长制造恐怖的坏疽。

问题有一部分在于，这类蝰蛇常常出现在地球上最贫困的地区，那里的医生很少，而且分布得极其稀疏，更别说备有抗毒血清的医院了。在南美洲、非洲一些国家和印度的乡下，很多被蛇咬了的人得不到像样的治疗。手臂或大腿上的小伤口很快就会变成腐烂的溃疡；短短几周后，坏疽就会完全侵蚀整个肢体，直到这时候，受害者才有可能住进医院，接受为时已晚的治疗。大众媒体常常会用"黑棍子"这样冷酷无情的词语来描绘中了蛇毒的肢体，这样的形容虽然残酷却异常确切。诚实地说，作为生物学家，我早已对各种糟糕的场面见怪不怪，但坏疽仍令我动容。

哪怕接受了抗毒血清治疗，蛇咬仍有可能造成严重的坏疽。抗毒血清的工作机制是结合血液中循环的毒素化合物，预防症状进一步发展，但却无法治疗已有的损伤。血毒素起效迅速，能造成严重的局部损伤，而抗毒血清只能预防系统性崩溃和死亡。更糟糕的是，科学家发现，有的坏疽毒素化合物无法通过血清免疫，也就是说，它们能绕过抗毒血清制造者的免疫系统，这意味着我们使用的抗毒血清中根本没有针对这些毒质的抗体。[2]最凶猛的坏疽毒素不仅会破坏细胞，还会诱骗我们的免疫系统加入这场破坏行动。面对这样的毒质，抗毒血清根本无能为力。

坏疽性蛇毒一旦通过咬伤进入受害者体内就会立即生效。冲在最前面的是金属蛋白酶，它会破坏血管和组织中的重要结构成分，其中包括附着蛋白，这是维系血管壁细胞、保证血管强度的关键物质。毛细血管出血很快就会引发局部水肿。接下来，蛋白酶还会继续攻击身体组织，辅助破坏骨骼肌，不过这个过程的具体机制我们还不太清楚。磷脂酶也不甘示弱，它会攻击肌肉细胞膜，最终导致肌肉坏死。有的磷脂酶会通过催化作用在细胞膜上凿出孔洞，撕开组成膜壁的磷脂质；另一些磷脂酶不会切割脂质，却仍能经由某些我们未知的机制破坏肌肉。[3]毒素中的其他一些酶也会加入这场屠杀，例如透明质酸酶和丝氨酸蛋白酶。伤口处厮杀正酣，与此同时，另一些毒素化合物可能会悄悄离开现场，潜入身体深处，拓宽血管，导致血压骤降，最终引发中风甚至死亡；还有一些化合物会在短时间内引发全身性骨骼肌死亡（横纹肌溶解症），肌肉死亡释放出的巨量肌红蛋白会堵塞肾小管，导致肾衰竭，最终也可能致死。

而且好戏这才刚刚开场。毒素蛋白质不光会亲自上阵，还会动员我们自己的细胞加入这场混战。大量细胞的死亡和某些毒素活动（例如，金属蛋白酶会促进肿瘤坏死因子的释放，而磷脂酶会带来更多的生物活性脂）会激活免疫细胞，让它们纷纷冲向伤口。[4]我们的免疫细胞会誓死战斗到最后一刻，如果要对付的是细菌或者病毒，那么这是件大好事，但在对抗蛇毒的时候，英勇的免疫细胞会发现自己面前根本没有敌人。毒素化合物都是单个的蛋白质战士，而不是成群结队的侵略军，但我们的免疫系统却无法分辨二者的不同。白细胞和其他免疫细胞恪尽职守，逐步建立炎症通路，制造并释放出各种细胞激素（例如白细胞介素-6，它是免疫系统的信使之一），这又会进一步加强免疫反应。不过，鉴于眼前没有可供攻击

　　　　有毒：从致命武器到救命解药，看地球致命毒物如何成为生化大师

的细菌或者其他任何外来物体，我们的免疫大军完全找不到目标，最终它们的枪口只能对准自己人，导致更多无辜的身体组织白白牺牲。

蛇咬引起的坏疽到底有多少应该归咎于免疫系统对毒素的错误响应，这一点我们还不太清楚，但研究表明，这个百分比可能大得超乎想象。科学家发现，关闭身体炎症通路能够大大减轻蛇毒引起的坏疽，[5]任何抑制身体免疫反应的药物似乎都能减少坏疽带来的损伤。比如说，毒素中的磷脂酶会促使肥大细胞释放组胺，[6]这种物质会引发过敏，造成严重的局部和全身性反应。简单的非处方药苯海拉明（Benadryl）就能缓解中毒引起的肿胀。这样的结果表明，抗毒血清固然重要，但抑制免疫的药物也许能帮助我们对付连抗毒血清也无力对抗的恐怖坏疽。对于偏远地区的医生来说，这真是个振奋人心的消息，因为他们很难搞到抗毒血清。不过，除了抗毒血清，研究其他解毒方式的项目进展都很缓慢，而且急需资金支持。

与此同时，有毒的蝰蛇继续利用所向披靡的坏疽击垮受害者。矛头蝮属物种的毒素最容易引发坏疽，但有能力破坏大片身体组织的不仅仅是这些毒蛇。很多有毒物种都拥有坏疽毒素。虽然人们通常认为眼镜蛇的毒素更偏向于神经毒素，但某些眼镜蛇也能造成严重的组织损伤，例如射毒眼镜蛇。水母也可能造成严重的皮肤损伤，尤其是可能致命的箱形水母。还有一些物种的毒素通常不会引发坏疽，但偶尔也会造成严重的破坏。魟鱼甚至胡蜂（和它们的近亲）[7]有时候会在受害者身上留下巨大的病灶[8]。科学家们还在努力探寻这些罕见案例背后的原因，目前他们已经在研究毒素成分的项目中找到了一些线索。

我拜访奇普时见到的响尾蛇不光是盘踞在石缝里的那一条。洛马林达大学附近生活着不少毒蛇，海耶斯和他的学生一直在研究它们的毒素。走进他们养蛇的屋子，你立即就会听见四面八方传来令人毛骨悚然的颤动声，和我在奇普房后那座小山上听过的一模一样。奇普按照惯例开始了一天的工作，包括清扫蛇笼。我看着他用钩子挑起一条蛇，把它安全地转移到一个大垃圾桶里，然后扫掉笼子里的粪便，清理水盆。那条大蛇能够轻而易举地夺走他的性命，但奇普自信娴熟的动作令我惊叹不已。

然后，奇普的同事戴维·尼尔森（David Nelsen）带着我走进了另一间屋子，这间屋子里摆着大大小小的塑料盒子，盒子上专门开了透气孔，里面养着各种有毒动物。这个实验室研究的不光是蛇，还有蝎子和蜘蛛。戴维从架子上取下一个盒子，给我看盒子里的"居民"：一只硕大的黑寡妇蜘蛛。顶天立地的架子上至少放了100个养蜘蛛的盒子，我觉得自己的胃有点儿缩紧了——蜘蛛的毒素也以引发坏疽而著称。

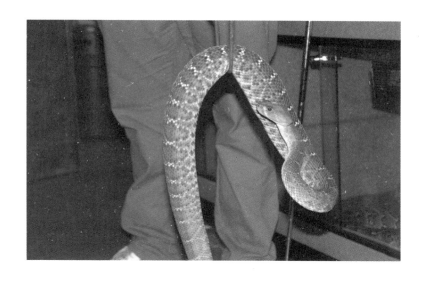

在洛马林达大学，奇普·科克伦从蛇笼里钩出一条巨大的红响尾蛇
（© Christie Wilcox）

每年都有上百万人闯进医生的办公室，信誓旦旦地说自己身上还在流血的巨大伤口是被蜘蛛咬的，但大部分人说不准到底是哪种蜘蛛。如果确定是被蜘蛛咬的，而且伤口已经肿胀溃烂，内行不难猜出肇事者。包括棕色遁蛛（*Loxosceles reclusa*）在内的遁蛛家族有两个特点：害羞的天性（它们正是因此而得名）和强效的坏疽毒素。这种蜘蛛的螫咬引发的溃疡和其他症状在医学上叫作"隐斜蛛咬伤中毒"（loxoscelism）——请不要搜索这个词语……相信我。

遁蛛咬伤的初期症状很不起眼：它的毒螫（口器）会在受害者的皮肤上留下一对小洞。伤口周围的毛细血管开始收缩，血流速度放慢，然后血管逐渐破裂。三个小时内，白细胞前赴后继地赶往现场，浸润伤口周围的组织。皮肤开始肿胀、瘙痒、发炎。正在形成的溃疡中央的皮肤开始变蓝，周围则会因为缺血而出现一个白圈，随后又会变红——仿佛一只牛眼，昭示着组织的死亡。死亡会带来疼痛。伴随着血肉死亡溃烂，皮肤会慢慢变成紫色，然后是黑色。某些情况下，死亡的组织会变成硬质的溃疡，最终自行脱落，暴露出赤裸的血肉。医学文献将这个过程定义为"液化"——液化性坏死（liquefactive necrosis）。[9]

虽然遁蛛咬出的伤口可能很大，而且惨不忍睹，但随着时间的推移，它通常会自行愈合；需要植皮的情况相当罕见。隐斜蛛咬伤中毒还可能引发全身性反应，除了坏疽，多达

有毒：从致命武器到救命解药，看地球致命毒物如何成为生化大师

16%的病例伴有发烧、恶心、呕吐、虚弱、贫血、昏迷等症状，但受害者通常不会死亡。[10]

很长一段时间里，西方医学界对这些蜘蛛的剧毒一无所知，直到19世纪晚期，美国田纳西州和堪萨斯州才有人第一次描述了隐斜蛛咬伤中毒引发的坏疽性损伤。到20世纪中叶，我们知道了罪魁祸首是遁蛛属物种，没过多久，这种蜘蛛造成可怕伤口的报道就已屡见不鲜。不过直到现在，到底应该如何治疗隐斜蛛咬伤中毒，人们依然莫衷一是。有一点我们可以确定：遁蛛毒素中破坏组织的主力成分只有一种——鞘磷脂酶D。如果能剔除毒素中的这种蛋白质，那么皮肤坏死的症状会减轻90%～97%。[11]鞘磷脂酶D的主要作用是分解鞘磷脂，这种脂类广泛存在于细胞膜中。我们还不清楚鞘磷脂被分解具体会触发什么样的生理学通路，但最终的结果倒是很明确：它会大规模激发免疫系统。

我们总觉得免疫系统是身体忠实的卫兵，它会保护我们，赶走入侵者和不速之客。然而不幸的是，我们体内的各种免疫细胞其实更像雇佣兵：它们的确愿意为我们而战，但只要有合适的激励，它们也随时可能临阵反水。从本质上说，鞘磷脂酶D塞给了免疫系统一箱钞票，让它自由开火，于是免疫系统就听话地照办了，它调转枪口，瞄准了自己先前保护过的组织。

我们在其他一些蜘蛛的毒素中也观察到了鞘磷脂酶D的效果，其中包括六眼沙蜘蛛（six-eyed sand spider）。遁蛛和沙蛛是刺客蛛科（Sicariidae）仅有的两个属，难怪这两种蜘蛛拥有相似的毒素成分。不过除了刺客蛛科……没有任何蜘蛛，确切地说，没有任何有毒动物拥有如此强效的坏疽性酶。[12] 而且据我们所知，鞘磷脂酶 D 仅存在于这两个属的蜘蛛毒素之中，除此以外，我们在动物界的任何地方都不曾发现它的踪迹，然而某些致病细菌却能制造出这种独特的化合物。遁蛛和沙蛛为何会拥有细菌性毒质？科学家认为，也许这些蜘蛛设法偷来了一段细菌的基因，然后将之表达了出来，这个过程叫作"基因水平转移"（horizontal gene transfer）。不过，近期的基因分析发现，这些蜘蛛的强效坏疽酶是它们自己独立演化出来的。[13]

虽然很多人看到皮损立即就觉得是蜘蛛咬的，但实际上开放性的溃疡多半不是蛛形纲动物的杰作。[14] 大部分蜘蛛的口器根本无法刺穿人类的皮肤，更别说注入毒素了；能够咬穿皮肤的少数几种蜘蛛也没有相应的化学武器，所以很难引发溃疡。哪怕是世界上最危险的那些蜘蛛，包括美洲的黑寡妇蜘蛛和澳大利亚的红背蜘蛛（redback spider），它们咬出的伤口也很不起眼。而且蜘蛛并不喜欢咬人：戴维·尼尔森试遍了屋子里的所有蜘蛛，结果发现，黑寡妇蜘蛛只有在被刺戳、挤压或者感觉到生命危险的情况下才会咬人并释放毒素。就连有"世界上最致命蜘蛛"之称的悉尼漏斗网蜘蛛（Sydney funnel web spider）也很少造成严重的局部组织损伤。和红背

　　　有毒：从致命武器到救命解药，看地球致命毒物如何成为生化大师

蜘蛛一样，悉尼漏斗网蜘蛛的毒素中含有麻痹猎物的强效神经毒质。无论你信还是不信，据我们所知，在全世界所有的蜘蛛中，只有遁蛛和它们的近亲才会带来可怕的坏疽皮损。[15]

无论患者是否亲眼看到了被咬现场，如果他说自己被蜘蛛咬了，而且皮肤确实有所损伤，受害者和医生通常会毫不犹豫地认为这是棕色遁蛛的杰作。但针对遁蛛咬伤的科学研究却描绘了另一番景象。在所有被遁蛛咬伤的案例中，只有三分之一的患者最终会出现皮肤坏死，或者说坏疽性蛛毒中毒，其他大部分患者的伤势都很轻微，而且通常会自行愈合。科学家还没弄清为何某些伤口会发展成肿胀的溃疡，但受害者本身的身体情况、被咬伤的位置、蜘蛛的大小乃至性别（雌性遁蛛的毒性差不多是雄性的两倍）[16]可能都有影响。你必须明白，"遁蛛"这个名字可不是白叫的。美国堪萨斯州有一家人跟2000多只棕色遁蛛一起相安无事地生活了好几年，从来没有谁被咬过，直到某一天他们终于下定决心消除家里的隐患。[17]

医生遇到的"蜘蛛咬伤"其实有一大半名不副实。一项研究表明，所谓的蜘蛛咬伤患者其实只有不到4%是真被蜘蛛咬了，超过85%的案例实际上是细菌感染。[18]而在另一项研究中，自称被蜘蛛咬伤的患者中有30%的人实际上是感染了可能致命的耐甲氧西林金黄色葡萄球菌（MRSA）。[19]医生们反应，人们看到坏疽就以为是蜘蛛咬的，实际上，从疱疹到梅毒，再到真菌感染、莱姆病、牛痘甚至炭疽病都可能导致坏疽！由于细菌也会携带类似的侵蚀皮肤的酶，所以顺理成章地，我们也常常把细菌感染误认成臭名昭著的蜘蛛咬伤。这样的误诊代价高昂，甚至可能致命：虽然目前我们还不能有效治疗毒素引起的坏疽，但细菌感染却有成熟的治疗方法，如果常规疗法无效，医生就得进一步寻找病源，以防病人意外死亡或者抗药菌株扩散。

我们还需要为响尾蛇正名。其实曾经有一段时间，响尾蛇的名声并不是那么糟糕，要是回到18世纪末，这些蛇甚至还象征着崇高的美国精神。加兹登旗上就画着一条盘踞的响尾蛇，图案下方写着格言"别踩我"（Don't Tread on Me）。我们不知道响尾蛇具体何时开始成为美国的标志，也不知道这个建议是谁提出的，不过早在1752年，本杰明·富兰克林就曾嘲讽说，要感谢英国人把重罪犯送到美国的"恩情"，最好的办法或许是回赠几条响尾蛇。美国的报纸刊登过这样一幅漫画：一条响尾蛇被切成了好几段，每一段都代表一个殖民地，旁边写着一句"要么团结，要么死亡"。很多人认为它开启了政治漫画的先河。随着时间的流逝，响尾蛇逐渐成了美国的标志。它的形象开始出现在制服纽扣、纸币、标牌和旗帜上，通常是盘起来的森林响尾蛇（*Crotalus horridus*）。1775年12月，一位读者在写给《宾夕法尼亚周报》（*The Pennsylvania Journal*）的匿名信中（很多学者相信这封信的作者正是本杰明·富兰克林）²⁰ 首次用语言描绘了"别踩我"的图案。在这封信里，"一位喜欢猜想的美国人"提出，响尾蛇特别适合充当美国的标志（最早的海军陆战队战鼓上就绘有响尾蛇的图案）：

> 我想起她那双没有眼睑的明亮眼睛，胜过其他任何动物，或许她正是因此而被尊为警觉的象征。她从不主动出击，然而一旦开战，她也绝不投降：因此她象征着宽宏大量与真正的勇气。仿佛急于防止任何人找借口与她发生争执，她将大自然赐予的武器藏在嘴里，所以在不熟悉的人看来，她似乎完全无所倚仗；哪怕她亮出自卫的武器，也显得那么柔弱而不堪一击；那武器造成的伤口看似不起眼，却足以致命，足以底定大局。她很清楚自己的威力，所以哪怕面对敌人，她也会在出击之前慷慨地发出警告，提醒对方踩踏自己是件多么危险的事情。

虽然海军陆战队率先采用了响尾蛇的形象，但他们绝不孤单。美国人正式确定官方旗帜之前，每个民兵组织都有权选择自己的旗号，很多队伍采用了响尾蛇和"别踩我"的图案。最早的海军杰克旗上骄傲地飘扬着一条舒展身体的响尾蛇，下方写着那句形象的标语。1778年，经过大陆议会的批准，响尾蛇的图案正式出现在美国战争部的徽章上。从那以后，响尾蛇就成了美国陆军的官方标志。

　　不过到了20世纪初，人们开始意识到这种蛇的危险性，这引发了第一波"围捕"响尾蛇，或者说"捕猎竞赛"的热潮，在美国南部和中西部的很多个州，这样的活动甚至成了一年一度的旅游盛事。每年都有成千上万条响尾蛇因此而被捉或丧命。得克萨斯州的斯威特沃特市（Sweetwater）从1958年起，每年都会举办围捕大赛，这个活动杀掉了该州1%的响尾蛇。美国的蛇咬事件统计数据甚至不足以证明这种规模浩大的捕杀活动是合理的，实际上，成千上万的活动参与者面临着更高的被咬风险。要不是被人搜捕，这些蛇原本非常害羞。

　　我们常常根据鲜明的特征来识别物种。有毒动物的确很有特点。谁会不认识眼镜蛇的兜帽和水母的触须呢？但若是寻根究底，你会发现，不同物种，甚至不同类群有毒动物的毒素其实十分相似。相同用途的毒素往往拥有相似的成分，尽管动物使用它们的方式可能大相径庭。钩虫、水蛭、蛇和蜱虫的毒素中都含有抑制血小板聚合、预防血液凝结的化合物。某些毒质分子看起来区别很大，但效果却惊人的相似。不过更常见的情况是，毫无亲缘关系的动物支系拥有同样的有毒蛋白质或者极其相似的变种。头足纲动物、刺胞动物、昆虫、蝎子、蜘蛛和爬行动物都会分泌摧毁组织的磷脂酶 A_2（它能切断膜组织中的脂质），实际上，磷脂酶 A_2 的演化单单在爬行动物中就独立出现过四次！与此同时，蜗牛、水母、珊瑚、蠕虫、昆虫、蝎子、爬行动物和蜘蛛都擅长使用库尼茨型肽（Kunitz-type peptides），这种化合物可以抑制其他蛋白质的活性。

迄今为止，我们已经鉴别出了大约 6 万个蛋白质家族。[21] 但反复出现在毒素中的总是同样的那几个家族，它们的身影横跨多个动物支系，从刺胞动物门直到灵长类。如果我们相信这些蛋白质的出现纯属偶然，那巧合发生的次数未免太多。更合理的猜想是，这些蛋白质之所以会反复出现在有毒动物身上，是因为它们更适合这种邪恶的用途，其他蛋白质无法胜任这些生理学上的脏活儿。

优秀的毒素蛋白质拥有什么样的特质？这个问题对毒素科学家非常重要。现代技术让我们能够更轻松地探测毒素中的蛋白质，当务之急是弄清楚毒素中的哪些蛋白质会造成直接的损伤，哪些蛋白质别有用途，比如保护有毒动物免遭自身毒质伤害，或者仅仅是维系毒腺细胞的活性。完成了这样的鉴别工作，科学家才能集中精力来应对那些对我们威胁最大的成分。

有毒蛋白质有几个重要的特征。[22] 首先，最重要的一点，所有毒素蛋白质都是分泌性的。事实上，目前已知的所有毒质都是分泌蛋白（secretory protein），它们的序列末端有个名叫"N端"（N-terminus）的特殊信号，蛋白质只有在N端脱落后才会生效。但这并不意味着有毒蛋白质的祖先也一定是分泌性的，有的毒素蛋白质原型很可能是与细胞膜关系更紧密的酶，但这些酶要么经历了重组，要么在可移动的DNA片段（转座因子）的帮助下完成了迁移，最终通过基因复制变成了现在的样子。

除了分泌性，所有毒质都拥有某种基本的生物化学功能。它们要么能切断活细胞中的分子，要么擅长模仿信号分子，或者喜欢抢在受体前劫走身体中的某些化合物。所有坏疽性酶都是切割大师，包括透明质酸酶、磷脂酶和金属蛋白酶。它们会分解重要的物质，直接造成严重损伤。另一些血毒蛋白质擅长伪装信号、阻塞受体，因为它们和自己伪装或阻塞的对象系出同源。比如说，要阻止血小板聚合，最好的办法不就是抢先把它们骗到别的地方去吗？

大部分毒质起效极快，因为它们都来自短期的生理学过程。在负责触发细胞生长、提供结构性支持的蛋白质家族里，你找不到毒质的踪影，因为组织的生长过程缓慢而稳定，而毒素成分需要迅速达成目标。起效太慢的毒素根本就没用。如果掠食性毒素起效太慢，猎物就会逃走；要是防御性毒素慢吞吞的，它的主人就会变成别人的盘中餐。有鉴于此，速度、普适性和分泌性是毒质必备的特征。

有毒：从致命武器到救命解药，看地球致命毒物如何成为生化大师

毒质还有一些不那么明显的共性，比如说，大部分毒质化合物的生物化学特性比较稳定。蛋白质折叠形式多样，保持折叠状态的方法也是五花八门，但毒质似乎特别偏爱二硫键交联（disulfide cross-linking）。这样的原子桥由半胱氨酸（cysteine）构成，它是20种基本氨基酸之一。半胱氨酸在分泌蛋白中十分常见，因为它能增强分子的稳定性，让分子更难降解，也难以被酶撕裂。不过也有很多分泌蛋白采用其他方法来保持稳定，例如球蛋白酶。不过，毒质特别偏爱半胱氨酸通路，这意味着从生物化学的角度来说，二硫键交联对毒素蛋白质意义重大。

毒质总是扎堆出现。毒质基因一旦被激活就会开始不停地复制，每次复制都伴随着一点点变异，最终可能产生全新的效果。一个物种体内可能就有同一段主要毒质基因的上百个副本。

当然，后面这几条"规则"偶尔也有例外，不过整体而言，大部分毒质都符合上述特性。这些简单的共性意味着从生物学和生物化学的角度来说，决定毒质能否起效的约束条件相当严格，也意味着要寻找解毒的良药和疗法，我们只需重点关注有限的几个目标。这样的前景令新一代的医学科学家感到振奋。如果能够鉴别出最具破坏力的毒素成分并创造出靶向疗法，科学家或许不光能治疗最危险的螫咬，还能利用抗毒组学创造出通用的抗毒血清。

科学家尤其盼望为下一章中我将谈到的化合物找到通用的抗毒血清。虽然响尾蛇在攻击前会发出令人永生难忘的警告声，但另一些蛇更喜欢偷袭，它们咬出的伤口看起来也没那么吓人。看似轻微的咬伤会让受害者误以为自己很安全，但实际上，更致命的毒素已经悄无声息地进入了他们的身体。血毒素固然可怕，但神经毒素在瞬息间杀人于无形的案例却更加常见。

　　　　有毒：从致命武器到救命解药，看地球致命毒物如何成为生化大师

Chapter 7

别　动

Don't
Move

皮肤上看不到咬痕，也没有炎症引起的致命肿胀，但那个人却毫无痛苦地死了，他的生命在昏睡中走向终结。[1]

——尼坎德（Nicander）

一点儿也不痛。被澳大利亚潮池中一种小章鱼咬过的受害者这样形容自己的经历。蓝圈章鱼属（*Hapalochlaena*）物种只有高尔夫球那么大，它们身披棕黄色花纹，生性害羞，不愿意跟人类接触，或者更确切地说，它们不愿意接触任何体形比自己大的东西。白天这些章鱼会隐藏起来，会变色的皮肤细胞（色素细胞）让它们能够轻松融入周围的环境，有时候它们也会将果冻似的身体挤进岩石和礁石的缝隙中。虽然这些物种体形很小、性情温和，但它们却携带着世界上最强效的毒素。蓝圈章鱼之所以叫这个名字，是因为这个属的所有物种在恐惧时皮肤上都会出现独特的花纹：深孔雀蓝色的圆圈，这是它们最后的郑重警告。有人说这些章鱼是"蓝圈死神"。

某些体形较大的八足章鱼以疼痛的螫咬著称，但蓝圈章鱼却不一样。它们酷似鹦鹉的小喙会在皮肤上留下两个小孔，你最多就觉得自己被针扎了一下。这种动物锋利的壳多糖口器动作迅捷，有时候受害者直到看到身上的小血点才知道自己被咬了。无痛，但致命。

　　安东尼（Anthony）和他的双胞胎弟弟不知道蓝圈章鱼有多危险——毕竟当时他们只有4岁。2006年，这对双胞胎在澳大利亚昆士兰萨顿海滩（Suttons Beach）岩石嶙峋的潮池中发现了一条小章鱼。[2]双胞胎的妈妈简（Jane）说，她看到安东尼抓着那只小动物玩，但没过多久他就抱怨自己被咬了。小男孩几乎立即就开始呕吐，他的视线变得模糊，很快就连站都站不起来了。"他对我说：'我走不动了。'他的腿一点儿力气都没有了。"简说道。[3]幸运的是，安东尼很快就得到了专业的救助，急救人员很清楚小男孩突发的严重症状源自何方，因为虽然蓝圈章鱼咬人的事并不常见，但在这种致命头足纲动物出没的区域，急救人员很熟悉它们的恶名。他们立即把他送往医院，安东尼大口喘着粗气，他全身的肌肉很快彻底失控，人们不得不把他送进儿科重症监护室。被咬后还不到半个小时，小男孩就只能靠呼吸机维持生命了。直到15个小时以后，安东尼的身体才清除了部分毒素，肌肉控制能力也恢复了一部分；又过了一天多，他才恢复到了可以出院的程度。

　　　　有毒：从致命武器到救命解药，看地球致命毒物如何成为生化大师

如果没有得到及时的救助，又或者无法准确描述病因，安东尼很可能已经丧命。就在50多年前，另一条蓝圈章鱼曾在极短的时间内杀死了一个成年男子，[4]当时的急救人员还不知道这种小章鱼竟然身怀剧毒。1954年，21岁的柯克·戴森－霍兰（Kirke Dyson-Holland，朋友们都叫他"荷兰佬"）和朋友约翰（John）一起去海边用鱼叉捕鱼，那地方离澳大利亚达尔文市大约有5000米。他们沿着海滩上的潮池搜寻，礁石中的一条小章鱼吸引了他们的注意力。约翰觉得这条章鱼很适合做鱼饵，于是他抓起这只动物，让它沿着自己的手臂爬到了肩膀上。他和荷兰佬以前也抓过章鱼来玩，从不觉得这能有什么危险。玩了一会儿以后，约翰把章鱼递给朋友，荷兰佬一边走，一边任由小章鱼在自己身上乱爬，最后它爬到了他的脖子后面。荷兰佬完全没感觉到自己被咬了，但是几分钟后，他觉得自己的嘴有些发干。就在他们准备离开海边的时候，荷兰佬开始呕吐、呼吸困难，最后一头栽倒在沙滩上。约翰立即把他送去了医院。荷兰佬失去语言能力之前对朋友说的最后一句话是："一定是那条小章鱼，一定是。"两小时后，他去世了。

　　当时人们以为荷兰佬死于对章鱼的唾液过敏——一种不幸的医学并发症。直到10年后，布鲁斯·霍尔斯特德（Bruce Halstead）出版那本有毒动物研究领域有史以来最负盛名的著作《世界海洋有毒动物》（*Poisonous and Venomous Marine*

Animals of the World）时，人们对蓝圈章鱼及其近亲的毒素依然所知甚少，章鱼咬死人更是天方夜谭。[5] 不过到了1970年，澳大利亚科学家雪莉·弗里曼（Shirley Freeman）和R.J.特纳（R.J.Turner）从一条小章鱼 [环蛸（*Hapalochlaena maculosa*）] 的毒素中分离出了一种致命的毒质，因为不清楚这种物质的化学成分，科学家只好笼统地将它命名为"蓝圈章鱼毒素"。[6] 如果将这种化合物注入大鼠和兔子体内，实验动物的血压和心率都会急剧下降，呼吸系统陷入彻底的瘫痪。8年后，科学家终于确认，所谓的"蓝圈章鱼毒素"其实就是臭名昭著的河豚毒素。[7]

对人类来说，河豚毒素是已知致命的化合物之一，它的毒性比砒霜和氰化物还强，就连炭疽也无法跟它相提并论。[8] 河豚毒素的毒性是可卡因的12万倍，甲基苯丙胺的4万倍。和世界上的大部分致命化合物一样，河豚毒素是一种神经毒素，针对的是我们的神经系统。和响尾蛇或蜘蛛拥有的血毒不同，神经毒素杀人的速度更快，因为它会抑制细胞间的通信，导致受害者麻痹失能。

人体细胞通信的方式有很多种，其中最快的当数电信号。电不仅存在于电线和电池中；按照定义，电实际上是带电粒子携带的能量。小时候我们都学过，宇宙中的一切物质都由原子构成，而原子又由三种微粒组成：携带正电荷的质子、不带电的中子和携带负电荷的电子。我们可以将质子记作"+1"，电子记作"-1"，对特定原子来说，将它携带的所有正电荷和负电荷相加，最后的结果决定了这个原子是否"带电"。如果结果大于零，那么这个原子带正电，小于零则带负电。同样的道理也适用于分子，我们将这些带电的原子和分子称为"离子"。

离子天生喜欢互动，正离子会吸引负离子，反之亦然，与此同时，它们还会排斥电性相同的离子。所以，如果一道屏障两侧的电荷不平衡，那么必然产生电位差，这就是电压的本质——因电荷的差值而产生的势能。正是基于这个原理，科学家发明了电池：如果一粒电池标称为9伏，就是说它的两极之间有9伏的电位差；用一根电线连通两极，你就可以利用这9伏的电势能。聚集在负极中的电子渴望离开同类去寻找带正电的搭档，所以只要将电池接入回路，它们立即就会飞奔而去。但是，如果你将两粒电池的负极相连，那就什么都不会发生，因为二者之间不存在电位差。

从本质上说，你的细胞就像一粒粒微电池，细胞膜这道屏障将两种不同电性的溶液隔离开来。细胞内带正电的钾离子（K+）更多，细胞外钠离子（Na+）和氯离子（Cl-）更多。当然也有其他离子，但细胞膜内外的电位差主要来自这三种离子。细胞的静态电位平均为-70毫伏（mV），这意味着细胞内的负电荷略多于外部。细胞膜维持着细胞内外的电位差，它不断消耗能量，主动把溜进来的钠离子送出去，同时泵入钾离子来弥补流失掉的那些。更重要的是，神经系统会利用这样的膜电位以光速收发信号，细长的神经细胞将身体的不同部位连接成一个整体。

要敲出这段话，我的大脑必须向手指的肌肉发送信号，告诉它们什么时候开始移动、该如何移动。这个过程消耗的时间不能以秒或分为单位计算，我们的神经细胞发送信号的速度大约是150米/秒，也就是说，我脑子里的想法只需要大约1/150秒就能抵达指尖。在我按下键盘的瞬间，我的脑子也会以同样快的速度感受到指尖传来的压力。要协调我们庞大而复杂的身体，高速的通信十分关键；如果没有膜电位，这一切都不可能实现。

就在我的皮肤细胞接触键盘的瞬间，压力会激活表皮下方的机械敏感性受体（mechanoreceptor）[9]，打开对力敏感的离子通道。[10]通道一旦开启，离子就会开始运动。离子通道可以是通用性的，任何带电粒子都能自由穿行，也可以只允许某种特定离子通过。比如说，负责感知力的是钠离子通道，它只能允许钠离子流入细胞。在我敲击键盘的瞬间，细胞内的正电荷超过了外部，离子通道周围的局部膜电位变成了+30mV。紧接着这条通道会立即关闭。

细胞膜附近的区域也有对电压（而非力）敏感的离子通道，所以一旦钠离子涌入细胞，这些通道就会开启。其中一部分是钾通道，它的目标是排出细胞内的钾离子，恢复膜电位的原始状态——细胞外带正电，细胞内带负电。等到膜电位恢复原状，这些通道就会关闭，细胞膜上的主动泵继续慢条斯理地清除钠离子，引入钾离子。细胞膜上布满了这样的电压门控通道，只要有一条通道被激发，离子的运动就会相继激发附近的通道；电压门控钠通道悄然开启，同样的过程不断重复，越传越远。通过这种多米诺骨牌式的反应，电信号沿着长长的神经细胞向下传递，最终将手指的触觉发送给大脑。这串活动听起来似乎很复杂，但离子运动速度极快，经过的路程极短，离子通道开启和关闭的速度更是非常快。

神经细胞末端受体的不同组合带来了不同的感觉；我们鼻子和嘴巴里的受体与特定分子结合后会让钠离子蜂拥而入，于是产生了嗅觉和味觉。耳朵里的受体对压力的细微变化异常敏感，于是我们能够听到声音。眼睛里的光敏受体擅长捕捉特定波长的色彩，皮肤上的受体更是五花八门，它们能够感知各种各样的压力、温度和振动。电压变化的洪流（动作电位）沿着神经细胞一路传递，其中也有一部分来自大脑。如果你想做一个动作，大脑中的神经细胞会把你的想法翻译成一串动作电位，最终转化为可执行的信号，指挥肌肉纤维收缩或舒张。从我们的感官到身体每一块肌肉的运动，这一切的核心是离子通道，没有离子通道就没有奔涌的动作电位。而神经毒素攻击的正是我们体内的离子通道。

比如说，河豚毒素是一种钠离子通道抑制剂。如果被蓝圈章鱼咬了一口，毒液中的河豚毒素就会阻断受害者体内的神经信号传递，麻痹感从伤口开始向外辐射，传遍整个身体。恶心、呕吐和腹泻接踵而来，不久后受害者就会虚弱瘫痪；神经细胞中的钠离子通道不再传递动作电位，大脑就无法向肌肉发出运动的指令。就连呼吸也离不开电信号——河豚毒素会减缓、最终彻底阻断隔膜肌的缩张。如果毒素剂量够大，受害者的心脏很快就会停止跳动。

但河豚毒素不是通用性的毒质。因为钠离子通道不止一种，就连我们体内的钠通道也有诸多变种。河豚毒素之所以如此致命，是因为它能够强效地阻断人类和其他脊椎动物体内一系列关键的钠离子通道，但对于某些类型的钠离子通道，河豚毒素也无能为力。[11]蓝圈章鱼就能完全不受自身毒素的影响，类似的物种还有很多。除了河豚，某些种类的蝾螈、蛙、蟹、海星甚至蛇也携带着河豚毒素，它们都能抵抗或免疫这种毒素，因为这些动物体内的离子通道可以不受河豚毒素影响。[12]

离子通道到底有多少种？答案可能超乎你的想象。例如，钾离子通道由四个蛋白质片段组合而成，我们体内负责描述这些片段的基因大约有70个，所以就算一条通道中的四个蛋白质片段都来自同一个基因，我们也能构造出70种不同的钾离子通道。而且我们还发现，来自不同基因的蛋白质片段可以自由组合，例如三个蛋白质片段来自同一条基因，最后那个片段则由另一条基因提供，或者四个片段分别来自四条完全不同的基因。从理论上说，可能的组合形式多达2400万种，不过科学家仍在探索这些组合是否真的都存在，以及它们各自有什么作用。可以确认的是，我们体内的确有多种钾离子通道，每一种都承担着不同的任务。有的通道仅存在于脑神经细胞中，也有一些通道专门负责控制肌肉的运动神经细胞。除了钾离子通道，其他离子的通道也同样五花八门。

我们在不同物种的毒素中发现了各种各样的神经毒素，人体神经信号传递过程中的每一个步骤都有针对性的毒质。有的毒质会阻断关键的通道，譬如河豚毒素，而另一些毒质则会强制性地开启这些通道，还有一些毒质会从源头或末端截断神经信号。有的毒质会不加选择地阻断某种类型的所有通道，也有一些毒质特异性极强。河豚毒素属于前者，这种神经毒素极其残暴，它对绝大部分物种有效，因为它能影响多种类型的钠离子通道。另一些海洋软体动物携带的毒质则走向了另一个极端，这些化合物以优雅而闻名，每一种毒质都有特定的分子级目标。这些软体动物仿佛技术精湛的调酒师，它们会调制出独特的毒素鸡尾酒，精确地针对特定的猎物，使对方陷入瘫痪。说到引发瘫痪，芋螺是当之无愧的大师。

夏威夷的潮池里没有蓝圈章鱼，但却仍有很多携带神经毒质的危险动物。芋螺在夏威夷相当常见，所以我每年教二年

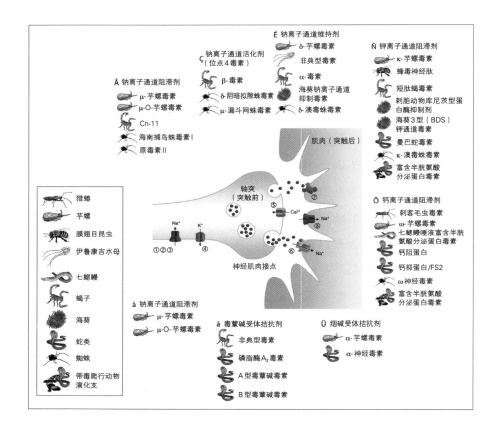

钠离子通道维持剂
δ-芋螺毒素
非典型毒素
α-毒素

钾离子通道阻滞剂
κ-芋螺毒素
蜂毒神经肽
短肽蝎毒素
刺胞动物库尼茨型蛋白酶抑制剂
海葵3型（BDS）钾通道毒素
曼巴蛇毒素
κ-澳毒蛛毒素
富含半胱氨酸分泌蛋白毒素

钠离子通道活化剂（位点4毒素）
β-毒素
δ-阴暗拟隙蛛毒素
μ-漏斗网蛛毒素

钠离子通道抑制剂
海葵钠离子通道抑制毒素
δ-澳毒蛛毒素

钠离子通道阻滞剂
μ-芋螺毒素
μ-O-芋螺毒素
Cn-11
海南捕鸟蛛毒素I
原毒素II

钙离子通道阻滞剂
刺客毛虫毒素
ω-芋螺毒素
七鳃鳗唾液富含半胱氨酸分泌蛋白毒素
钙阻蛋白
钙抑蛋白/FS2
ω神经毒素
富含半胱氨酸分泌蛋白毒素

猎蝽
芋螺
膜翅目昆虫
伊鲁康吉水母
七鳃鳗
蝎子
海葵
蛇类
蜘蛛
带毒爬行动物演化支

钠离子通道阻滞剂
μ-芋螺毒素
μ-O-芋螺毒素

毒蕈碱受体拮抗剂
非典型毒素
磷脂酶A_2毒素
A型毒蕈碱毒素
B型毒蕈碱毒素

烟碱受体拮抗剂
α-芋螺毒素
α-神经毒素

不同的有毒演化支携带的毒素会攻击运动神经突触的各个部位
（© Bryan Grieg Fry）

级学生和他们的父母认识潮池里的海洋动物时，总免不了跟它们打交道。芋螺的壳形状独特，它们也正是因此而得名。就算裹着一层海藻，你也能轻而易举地将芋螺与近海浅水中的其他螺类分辨开来。每年我们都要警告孩子们别碰芋螺，尽管它们很好认，但你依然很难分辨哪些是真正危险的食鱼芋螺（*Conus*），哪些芋螺只吃蠕虫——它们最多让你疼一会儿。而且芋螺喜欢藏在"移动房屋"深处，所以孩子们常常误以为自己捡到了一个漂亮的空壳。尽管我们这么苦口婆心地警告，但每年我都会大惊失色地发现某个孩子手里抓着一只足以致命的芋螺。于是我再次把所有孩子召集起来，让他们好好认一认芋螺独特的形状，再喋喋不休地说一通为什么不要碰它。但实际上我忍不住会想，总有一天，某个孩子或家长会惹火一只芋螺，然后他们才会真正发现这种动物到底有多危险。芋螺漂亮的壳里藏着强效的毒素，巴尔多梅罗·奥利韦拉（Baldomero Olivera）等科学家仍在孜孜不倦地探索这种毒素的成分，尽管他已经在这个领域钻研了差不多50年。

"以前我从没想过要认真研究这玩意儿。"[13]我们在火奴鲁鲁毕夏普博物馆（Bishop Museum）丰富的软体动物学（研究软体动物的学科）藏品间漫步时，他这样告诉我。展厅里的过道凉爽而幽暗，两侧顶天立地的灰色金属柜里摆满了各式各样的贝壳和螺壳。巴尔多梅罗（朋友和同事们都叫他托托）是一位世界级的芋螺专家。他对芋螺致命毒素的研究始于20

世纪60年代末。在此之前，托托在加州理工学院取得了博士学位，并以博士后的身份工作了几年。游学多年，他盼望回到故乡菲律宾，于是他接受了菲律宾大学医学院的一个职位。当时研究DNA复制的风潮刚刚兴起，托托很想做一些高科技的生物化学研究，但他在马尼拉的新实验室却没有足够的设备和资金。作为一位神经学家，他迷上了携带神经毒素的物种。也就是从那时候起，他开始认真考虑研究芋螺和它致命的毒素。"我小时候就喜欢收集贝壳，我知道这些螺能杀人。"

芋螺是指芋螺科的一系列掠食性海洋软体动物。它们改良的"牙齿"形状类似鱼叉，通过一条细管与毒囊相连。发起攻击时，芋螺会将针一般的"鱼叉"刺入受害者体内，并通过细管注入毒素，中了毒的猎物几乎立即就会瘫痪。芋螺一般不会攻击人类（"除非你做了什么特别蠢的事儿。"托托说），但麻痹性的芋螺毒素至少已经夺走了十几条人命，其中大部分案例的肇事者是一个物种：地纹芋螺。托托第一个研究的就是它。

起初他只想弄清地纹芋螺为何如此致命，于是他将这种毒素注入了小鼠的腹部。然后这只毛茸茸的受试动物会被倒挂在一张铁丝网上。随着毒素的扩散，小鼠的身体会全面瘫痪，最终从铁丝网上掉下来。托托采用"坠落的小鼠"这种实验性测试（生物检定）手段来鉴别芋螺毒素中的麻痹性化合物。他利用大小参差、化学性质各异的过滤器小心翼翼地分离毒素中的各种成分，耐心地探查到底是哪种成分让小鼠陷入瘫

毕夏普博物馆软体动物学展区中的世界上最致命的芋螺，或者说它的残骸
（© Christie Wilcox）

痪。他把目标的范围缩小到了多肽，这些小小的蛋白质分子长度还不到20个氨基酸，现在科学家将之命名为"芋螺毒素"。经过数年的研究，托托发现了两种强效的芋螺毒素：其中一种的功效类似河豚毒素，它会关闭动物体内的钠离子通道；另一种则更像是眼镜蛇毒素。

托托完成了自己的目标，也拿到了足够的资金来购买更好的设备。万事俱备，该向前走了。事实上，为了应对马科斯政权颁布的戒严令，1973年，托托带着自己的小家庭迁居到了美国盐湖城的犹他大学。在这里，他暂时放下芋螺研究，转而将这个课题交给了自己的学生。不过后来，托托解释说，年方19岁的克雷格·克拉克（Craig Clark，后来他成了一名神经外科医生）改变了这一切。克雷格提出了一个非常新颖的想法：除了将毒素注入小鼠腹部，我们还可以直接将它注入小鼠的中枢神经系统。接下来，克雷格实施了自己的想法，结果发现了一件惊人的事情：在先前的坠落实验中表现平平的某些毒质被注入小鼠脑部后却产生了一些奇怪的效果。有的多肽会让小鼠不停地跳跃翻滚，而另一些多肽会让小鼠绕圈子。其中一种多肽会让小鼠很快入睡，但它只对三周以下的幼鼠有效；如果接受注射的小鼠已经成年，那它只会亢奋地在盒子里来回跑个不停。

有了先进的新设备，包括一台高效液相色谱仪（HPLC），托托和克雷格得以进一步分离不同的多肽，结果他们发现，芋螺毒素包含的毒质种类多得惊人。"这一种令人抑郁，那一种导致昏迷；这个引发颤抖，那个带来瘙痒。"托托打开笔记本电脑，继续向我介绍他的实验室正在研究的每一种多肽。"我们突然意识到，芋螺毒素不是几种麻痹性毒质的简单结合，而是无数种成分混合组成的复杂药品……那次实验改变了一切。"

经历了克雷格的灵光闪现，后来托托又接纳了"数不清"的大学生。每个学生都可以自由选择自己想要研究的芋螺物种，然后他们遵循克雷格开创的实验流程，提纯自己选定的芋螺的毒质。20世纪80年代初，一位学生决定提纯他随口起名的"颤抖肽"，因为注射了这种化合物的小鼠会产生一种独特的颤抖。这位学生名叫J.迈克尔·麦金托什（J.Michael McIntosh），他研究的是僧袍芋螺（magic cone，学名 *Conus magus*）；所谓的"颤抖肽"后来被命名为醋酸齐考诺肽（omega-conotoxin MVIIA），如今它更广为人知的另一个名字是"辛抗宁"（Prialt），这是FDA批准的第一种芋螺毒素药物。

谈到辛抗宁的效果，托托的眼睛亮了起来，显然，这位学生的发现令他激动不已。他给我看了一段视频，视频中有个神经肌肉连接处的突触，这是神经与肌肉相接并向后者传达指令的位置。指挥肌肉运动的电信号到达神经细胞末端时，另一种离子通道被触发了，这是一条电压门控钙离子通道。大量钙离子涌入细胞，促进了神经递质乙酰胆碱的释放，接下来，乙酰胆碱又会触发一系列反应，最终导致肌肉收缩。托托解释说，辛抗宁能阻断这些钙离子通道。没有钙离子流等于肌肉不收缩，也就等于麻痹。

"这东西怎么能入药呢，你肯定会这样想吧？"他带着了然的笑容问道。我们得从头说起，芋螺毒素肽的特异性极强。人体内触发肌肉运动的钙离子通道和鱼类身上的不太一样，所以这种毒质不会影响我们的肌肉运动。但我们体内的另一些钙离子通道却和鱼类的肌肉运动通道十分相似，只不过它们在人体内承担的是另一种功能：这些通道不会调节肌肉运动，但却是疼痛回路的重要组成部分。正如它们在鱼类身上所做的一样，辛抗宁会彻底关闭人体痛感神经细胞末端的钙离子通道，从而阻止疼痛信号传向脊髓。没有钙离子流，大脑就不会收到信号，疼痛就这样消失了，这对那些就连最强效的麻醉剂也不管用的慢性疼痛（譬如某些种类的癌症）患者来说，无疑是个天大的好消息。

辛抗宁之所以能入药，是因为它具有极强的特异性：如果它阻断的钙离子通道不止这一种，那么就可能带来过多的副作用，因而无法制成实用的药物。不过对这样的毒素来说，特异性也可能带来问题。归根结底，猎物可能会演化出对特定毒质的抗性，例如猫鼬就能免疫眼镜蛇的神经毒素。为了绕开这个问题，芋螺依靠的强效麻痹性毒质不止一种；它们的毒素中含有各种各样的毒质，分别针对肌肉收缩流程中的每

　　　　有毒：从致命武器到救命解药，看地球致命毒物如何成为生化大师

一个步骤——有的能关闭钠离子通道，有的负责抑制钾离子通道，还有的能阻断钙离子通道，诸如此类。

芋螺毒素如此多姿多彩，我们目前掌握的不过是一点皮毛。那些负责阻断运动神经细胞的毒质被托托称为"运动肌阴谋集团"。"因为阴谋集团总是试图颠覆现有政权。"他解释道。这个集团中的每一种毒质都能麻痹鱼类，但由于它们的作用机制是直接关闭神经细胞，所以这些毒质起效很慢。运动肌阴谋集团的成员需要花费20秒左右的时间才能经由循环系统到达鱼儿身体各处，麻痹足够数量的神经细胞，阻止芋螺的大餐扬长而去。这么长的捕猎时间显然无法确保万无一失。我们知道，芋螺拥有其他起效更快的毒质：在芋螺捕鱼的视频中可以清晰地看到，被咬中的鱼眨眼间就不动了。

这种即时的麻痹效果来自另一组完全不同的毒质，托托称之为"闪电战阴谋集团"。[14] 这个集团的成员（主要是δ-芋螺毒素和κ-芋螺毒素）不会关闭神经通道，反倒会强制打开通道并迫使其始终维持开启状态。这样一来，动作电位的洪流从伤口开始向外辐射，鱼儿就像触了电一样颤抖起来。收缩信号持续不断地传向全身各处的肌肉，受伤的鱼立即就会浑身僵硬。

"闪电战阴谋集团"和"运动肌阴谋集团"的连击只是食鱼芋螺捕猎的方式之一。不同的螺捕猎策略也不尽相同，比如说，有的螺能让一大群鱼陷入胰岛素昏迷状态，[15] 然后再利用其他"阴谋集团"来精确摆布自己的目标猎物。最近科学家还发现，芋螺不光能用毒素捕猎，它们还会分泌另一套毒质来保护自己，掠食性毒素和防御性毒素的成分截然不同，芋螺会根据需要在二者间自如地切换。[16]

我们突然明白了为什么每种芋螺各自拥有这么多种毒质。但如此丰富的多样性是怎么演化出来的呢？各个芋螺物种拥有的多肽不尽相同，每个物种都有一套独特的毒质组合，芋螺属共有 500 多个物种，在所有海洋动物中首屈一指。[17]而且芋螺仅仅是个开始。托托估计，如果沿着芋螺的家谱向外拓展，我们会发现这颗星球上生活着超过 1 万种有毒海洋螺类，[18]每种螺各自拥有几百到几千种不同的毒质。[19]其中包括种类丰富的卷管螺（turrid snail）在内的大部分物种从未接受过实验室检验，因为它们的体长还不到 3 厘米，生活的区域也比偏爱浅水的芋螺偏远得多。但这些物种也携带着大量有毒的肽。这样算起来的话，等待我们去发现并测序的有毒多肽大约有 30 万～3000 万种，比其他任何类型的毒质都多。

所以，有毒螺类到底是怎么制造出这么多毒质的？秘密藏在它们的基因里：螺类的毒素基因堪称地球上演化速度最快的 DNA 序列。[20]我们习惯于以外在的表现来评判演化，靠不同的特征和行为来分辨各个物种和它们的近亲。但从本质上说，演化衡量的是基因层面的变化，而不是外表的不同。归根结底，同一个物种的不同个体看起来也可能相去甚远，但共同的基因将它们紧紧地联系在一起。大约一个世纪以来，科学家一直将演化定义为"种群中基因突变（等位基因）频率的变化"[21]，以此为基础，演化的"效率"或"速度"指的便是基因突变或复制的速度。谈到演化速度，有毒螺类简直就是动物界的尤塞恩·博尔特（Usain Bolts）。而你还觉得它们慢吞吞的！

基因组是生命的蓝图，每个基因组都包含着创造一个动物所需的整套基因。这些基因以DNA的形式写成，DNA是一种四字母语言，它由四种碱基拼成：A代表腺嘌呤，T是胸腺嘧啶，G是鸟嘌呤，C代表胞嘧啶。这四种碱基会组合成三字词，人们称之为"密码子"（codon）；密码子负责表达不同的氨基酸，而氨基酸是组成蛋白质的基本元素。比如说，AAA代表赖氨酸，而GAA对应的是谷氨酰胺。不过，尽管A、T、C、G的可能组合共有64种，但它们表达的氨基酸却只有20种，所以有的氨基酸对应着几个不同的三字词。正是出于这个原因，有时候你可以换掉某个碱基，却不会影响密码子表达的意义。比如说，AAA可能会突变成AAG，但它代表的仍是赖氨酸，这种情况叫作"同义替换"。而另一些突变能够改变氨基酸结构，进而影响基因表达的蛋白质，我们称之为"非同义替换"。

动物改变遗传物质的方式有三种：（1）突变，遗传密码中的单个字母发生变化；（2）插入/删除，在基因中插入或删除少则一个碱基、多则一串序列的信息，如果插入或删除的碱基数量无法被3整除，这样的变化甚至能改变基因的阅读框——阅读框标记着一串三字密码子的起点，因此阅读框的改变意味着密码子拼写彻底改变；（3）复制，整个基因都可能被意外克隆。复制在演化中不可或缺，[22]因为新诞生的基因副本完全是多余的——归根结底，动物只有一个基因的时候也活得好好的，所以即使有了新的副本，原来的基因仍能胜任本职工作，新的第二条基因得以自由变异，任意插入或删除碱基。我们体内就有很多基因曾被多次复制，每个新的副本都会慢慢发生变异，最终创造出一种新的蛋白质。例如血红蛋白（血细胞中负责运送氧气的分子）和肌红蛋白（肌肉中结合氧气的蛋白质）都是基因复制的产物。

芋螺毒素基因的复制速度冠绝全球。举例来说，A超家族（A-superfamily）的一种芋螺毒素基因会自发地复制自己，平均而言，每100万年复制1.13次。[23]除了芋螺，全基因组研究中其他动物复制基因的速度最快也不过是这个数字的三分之一；而其他以快速演化著称的基因变异速度最多有它的一半，比如我们的嗅觉基因。要是把观察的时间缩短到最近的200万年，芋螺复制基因的速度就更惊人了：A超家族芋螺毒素基因（每种芋螺都有十几条这样的基因）每100万年差不多就能复制4次。更重要的是，芋螺一直保持着这种高效的复制速度，丝毫没有放缓的迹象。其他任何物种身上都没有这么不断疯狂复制的基因。

这些基因不光会复制，还会飞速变化。人们估计，芋螺毒素非同义替换的发生率大约是每百万年 1.7% ~ 4.8%，[24] 相当于哺乳动物变异冠军的5倍，果蝇冠军的3倍。而这还只是平均数——刚刚完成复制的芋螺毒素基因非同义替换率可达每百万年23%。[25]

芋螺固然创造了惊人的速度纪录，但很多有毒动物的毒质基因演化速度都很快，尤其是神经毒素。很多毒素以快速演化而著称，这种分子层面的高速演化造就了毒质惊人的多样性。在这个领域里，我们未知的部分比已知的广阔得多，无数毒质等待着科学家去发现、测序、研究。无论从哪个层面来看，多样的毒质都让毒素变得更加多姿多彩；哪怕是同一个个体携带的毒质也可能因为年龄的增长或性别不同而发生变化，更不要提不同个体乃至不同物种之间的区别。不过，尽管章鱼和蛇外形上相去甚远，它们的毒素却有共同的目标。毒素分子可能五花八门，但不同的成分最终实现的功效却相似得惊人。

毒素的飞速演化不是为了攻击新的目标，而是为了确保毒质始终有效。正如我们在芋螺身上看到的，神经毒质十分适合捕猎，因为快速麻痹能够有效拖慢猎物的速度。但反过来想，有毒掠食者利用毒质分子来关闭猎物的钠离子通道，这无疑带来了极强的选择压力，迫使猎物演化出不受这种毒质影响的通道。正如我们在猫鼬身上看到的，有时候只需几个简单的突变就能让某种毒质彻底失效。有毒动物必须时时保持变化，就像是扔出一个弧线球，然后期待它能够命中目标；或者像芋螺那样，同时扔出几百个球，那么总有一个能砸中猎物。"芋螺的做法相当于药物联合治疗，"托托解释说，"为了达到特定的生理学效果，它们不会只用一种药，而是同时使用多种药物。"

有毒物种的目标是永远抢在对手前面，不过多样性的毒质和飞速的演化也给了它们改换口味的机会。最新的毒素基因研究表明，芋螺的情况正是这样。有证据表明，对人类威胁最大的食鱼芋螺是在演化出针对脊椎动物离子通道的防御性毒素之后才改吃鱼的！[26]它们改换食谱的流程大致如下：芋螺原本只能吃蠕虫，鱼类位居海洋食物链顶层，它们常常以芋螺为食。快速演化的毒素基因为这种软体动物提供了防御性的武器，让它们能够对抗鱼类掠食者。其中某些芋螺的毒质格外强效，能够控制鱼类身体组织内的通道，进而杀死鱼类，从而为芋螺提供了一种新的食物来源。最后，三个不同支系的芋螺不约而同地改吃鱼了。

几乎每种有毒动物都或多或少地拥有一些神经毒素，芋螺和蓝圈章鱼绝非孤例。蛛毒里也有神经毒素，但哺乳动物很少受到这些毒素的影响，不过也有例外：对人类来说，寡妇蛛毒性强烈，尤其是臭名昭著的黑寡妇蜘蛛和棕色寡妇蛛。黑寡妇蛛毒（latrotoxin）是一种强效神经毒素，但它主要的目标其实不是离子通道。[27]这些毒质会在细胞膜上形成可供钙离子穿行的孔洞，从而导致神经突触不受控制地被激发。黑寡妇蛛毒引起的全身性反应包括剧痛、抽搐、心率变快和持续数天乃至数周的痉挛。[28]蝎子也是神经毒素大师，虽然它们的毒质主要针对哺乳动物以外的目标，但某些蝎子的神经毒素对人类有效，尤其是土耳其黑肥尾蝎（Fat-tail scorpion），它的毒素能导致惊厥和昏迷；[29]还有恰如其名的以色列杀人蝎（deathstalker scorpion）[30]，以及毒素的人类致死率高达8% ~ 40%的印度红蝎（Indian red scorpion）[31]，儿童尤其容易受害。

谈到神经毒素，有一些物种我们无论如何也没法绕开。从人类诞生之初，它们的神经毒素就将恐惧和迷恋注入了我们的内心深处；它们狰狞的毒牙很可能促成了人类眼睛与心智的演化；它们的光芒照耀着文明的过去与现在，直到今天，它们仍是这颗星球上引人注目的物种。我说的是以眼镜蛇为首的眼镜蛇科物种。

蝰蛇擅长撕裂血肉，留下血淋淋的伤口和破碎的躯体，但眼镜蛇科物种恰恰相反。有时候，它们的咬痕是那么不起眼，只有通过全面的尸检才能发现。世界上致命的毒蛇几乎都是眼镜蛇科的成员，其中包括眼镜蛇、黑曼巴蛇、金环蛇、太攀蛇、死亡蛇、海蛇和珊瑚蛇。和芋螺一样，这些物种利用毒性强烈的肽来麻痹猎物；[32]但和螺、蜘蛛、蝎子不一样的是，毒蛇的猎物通常是哺乳动物，所以顺理成章地，它们的毒素对我们有致命的威胁。和蛇类惯常的猎物相比，我们不过是个子高一点、身材瘦长一点、毛发没那么多而已。神经毒素家族中最致命的是α-神经毒素，人们常常称之为"三指毒素"，因为这种化合物折叠结构的核心是三个环。[33]三指毒素能抑制肌肉细胞的神经递质受体，让中毒者陷入瘫痪，最终丧生。

眼镜蛇科物种毒素最迷人的地方在于，除了极强的麻痹性，这些神经毒素另有奇效。这些蛇不仅能麻痹我们的肌肉，还能制造另一些更阴险、更令人不安的效果：它们会玩弄我们的意识。

Chapter **8** | 玩弄意识
Mind
Games

我的身体，它有电。平生第一次，我感觉自己真正拥有一颗心脏、一副躯体，我知道，我体内的火能点亮整个宇宙。没有哪本书能描绘我此刻的感觉。没有哪个人能让我产生如今的体验。[1]

——本杰明·阿莱尔·萨恩兹（Benjamin Alire Sáenz）[1]

---

[1] 美国诗人、小说家。——编注

我不知道蟑螂会不会做梦，如果会的话，扁头泥蜂（jewel wasp）的形象想必深植在它们的梦魇之中。对我们人类来说，这种小型独居热带泥蜂完全不足为惧，毕竟它们不会操纵我们的意志，让我们心甘情愿地成为幼蜂的鲜食，但毫无防备的蟑螂却难免遭此厄运。这是现实版的恐怖电影；事实上，电影《异形》（Aliens）系列里破胸而出的怪物原型正是扁头泥蜂和类似物种。它们的故事简单而诡异：雌蜂能控制蟑螂的意识，抹除它们的恐惧与逃生的意愿，让它们乖乖成为幼蜂的口粮。不过，和大荧幕上的情节不一样的是，让健康蟑螂变成行尸走肉的不是什么无药可治的病毒，而是一种毒素。当然，这种毒素非常特殊，它能直接作用于蟑螂的脑部，就像毒品一样。

无论是人类的大脑还是昆虫的大脑，其核心都是神经细胞。正如我在上一章中提到过的，能影响神经细胞的有毒化合物也许有数百万种，所以某些毒素不仅能破坏周围神经系统（负责控制肌肉和全身其他细胞的神经细胞），还能影响防卫周全的中枢神经系统，包括我们的大脑，这似乎也就不足为奇了。有的毒素能够跨越生理性的藩篱，从遥远的注入位置出发，千辛万苦地周游整个身体，最终穿越血脑屏障，进入受害者的脑子。而有的毒素则是直接注入受害者脑部，例如扁头泥蜂和僵尸蟑螂宿主的案例。

　　神经毒素的作用不仅仅是麻痹身体，扁头泥蜂为我们提供了完美而恐怖的案例。这种泥蜂的个头通常只有受害蟑螂的几分之一，它从上方向下俯冲，用嘴叼住蟑螂，同时将"毒刺"（实际上是改良后的产卵器）瞄准猎物身体中部，即第一对腿之间的胸口。注射过程仅需几秒，毒素化合物很快就会起效，让蟑螂陷入暂时的瘫痪，以便泥蜂更加精确地进行下一次瞄准。借助长长的毒刺，泥蜂将"洗脑"毒素注入猎物神经节的两个区域，昆虫的神经节相当于我们的大脑。

　　泥蜂的毒刺与猎物的身体非常契合，泥蜂甚至能够隔着蟑螂的外骨骼，精确地感觉到毒刺的位置，准确地将毒素直接注入猎物脑子的特定区域。[2]毒刺刺入蟑螂的脑子以后，还能探查周围情况，根据力学和化学反馈找到正确的道路，穿过神经节鞘（ganglionic sheath，相当于我们的血脑屏障），将毒素准确注

　　　　　有毒：从致命武器到救命解药，看地球致命毒物如何成为生化大师

扁头泥蜂将毒素注入受害者脑部
(© Emanuele Biggi)

入合适的地方。对扁头泥蜂来说，蟑螂脑部的这两个区域都很重要；科学家曾人工切除蟑螂脑子里的这两块区域，以观察扁头泥蜂的反应。结果发现，泥蜂会努力寻找这两个地方，它会花很长时间用毒刺在蟑螂的脑子里徒劳地搜寻缺失的脑区。[3]

精神控制就此开始。首先，受害的蟑螂会自我清洁；一旦前足从由扁头泥蜂毒素引起的短暂麻痹中恢复，它就会立即进入异常挑剔的自我清洁流程，大约持续半小时。科学家发现，这是注入蟑螂脑部的毒素引发的特有行为，要是蟑螂没被毒刺螫过脑部，那么即便它与扁头泥蜂有所接触，或者情绪十分紧张，也不会表现出这样的行为。[4]如果蟑螂脑部受到大量多巴胺的刺激，也会产生类似的清洁冲动，所以我们猜测，这种病态的清洁行为可能是毒素里的类多巴胺成分引起的。[5]对于清洁行为到底是毒素的主要作用之一还是副作用，这个问题尚无定论。有人相信，清洁行为是为了保证向脆弱的幼蜂提供干净无菌的美餐；但另一些人认为，这或许只是为了拖住蟑螂一段时间，好让扁头泥蜂提前为它准备好坟墓。

多巴胺是一种迷人的化学物质，它广泛存在于从昆虫到人类的多种动物的大脑里；而且在所有动物身上，它的作用都至关重要。在我们人类的大脑里，多巴胺是精神"奖励系统"的一部分；令人愉悦的事物会刺激大脑分泌大量多巴胺。[6]因为这种化学物质能让我们感觉良好，所以它堪称恩物，但与此同时，多巴胺也与成瘾行为和可卡因等非法化学物带来的

有毒：从致命武器到救命解药，看地球致命毒物如何成为生化大师

"快感"有关。[7]我们永远无法知道，蟑螂脑子里充斥大量多巴胺的时候，它是否也会觉得欲仙欲死，但我愿意相信，它和我们一样。考虑到它即将走向那么悲惨的结局，如果在这个过程中连一点儿快感也没有，那实在过于冷酷。

蟑螂清洁身体的时候，泥蜂会离开猎物去寻找合适的地点。它要准备一个黑暗的地穴来安置自己的孩子和已成"僵尸"的蟑螂口粮，这需要花费一点儿时间。大约30分钟后，泥蜂回到蟑螂身边，此时毒素已经完全起效——蟑螂彻底丧失了逃跑的意愿。[8]从理论上说，这种状态是暂时的：如果在此时将中毒的蟑螂和泥蜂分开，不让孵化的幼蜂把它吃掉，那么蟑螂的"僵尸"状态会在一周内消退。[9]然而对可怜的蟑螂来说，这段时间实在太长。在它的大脑恢复正常之前，幼蜂早已大快朵颐，把这位宿主吃得一干二净。

蟑螂的运动能力未受损伤，但它似乎根本不打算动用这项能力。所以，毒素并未麻痹蟑螂的感知，而是改变了大脑对感知的反馈。科学家甚至发现，如果对中毒的蟑螂施加一些本应引起逃避反应的刺激，例如触碰它的翅膀和腿，蟑螂的身体仍会向大脑发送信号，只不过这只可怜的虫子不会做出反应。[10]这是因为毒素抑制了特定的神经细胞，削弱了蟑螂的活跃度和敏感度，于是它突然变得无所畏惧，一点儿也不怕被埋在地下活生生地吃掉。[11]在这个过程中，起效的是针对GABA门控氯离子通道的毒素。

GABA 即 γ-氨基丁酸，它是昆虫（和人类）大脑里极为重要的神经递质之一。如果说神经细胞活动像一场派对，那么 GABA 就是那个扫兴的家伙；它会抑制神经细胞，让后者难以被来自氯离子通道的刺激所激发。氯离子通道打开时，带负电的氯离子得以通过。因为氯离子喜欢跟带正电的离子纠缠不清，所以，如果有个钠离子通道与氯离子通道正好同时开启，那么氯离子就会与钠离子几乎同时穿过细胞膜，让钠离子更难激发多米诺骨牌效应，从而抑制神经细胞传递信号。在这种情况下，哪怕某个神经细胞收到了"出发"的指令，但仍不会触发动作电位。不过，GABA 的抑制作用也不是绝对的，氯离子通道不可能完全与钠离子通道保持同步，所以只要刺激够强，信号也可能被传递出去。泥蜂控制蟑螂正是采用的这套机制。泥蜂的毒素里含有 GABA 和另外两种同样会刺激氯离子受体的物质：β-氨基丙酸和牛磺酸。[12] 这些物质还能预防神经细胞对 GABA 的再吸收，从而延长抑制效果的持续时间。

虽然这些毒素可以切断蟑螂的部分脑部活动，防止它逃走，但是，毒素不会自行前往蟑螂脑部的正确位置。所以，扁头泥蜂必须直接将毒液注入猎物的神经节。对泥蜂来说幸运的是，这些毒素不光能把蟑螂变成"僵尸"，还有短暂的麻痹作用，让它可以方便地实施"颅内注射"。GABA、β-氨基丙酸和牛磺酸还会暂时性地抑制运动神经细胞，所以泥蜂只需这一套毒素就能完成两项截然不同的任务。

等到猎物乖乖安静下来，泥蜂就可以咬开蟑螂的触须，啜饮甜美营养的虫血来补充能量。然后它会牵着残存的触须，就像人类牵着马儿的缰绳一样，引导蟑螂前往最后的葬身之所。进入地穴后，泥蜂会在蟑螂的腿上产下一枚卵，然后把地穴封起来，让自己的后代和猎物一起待在里面。

除了控制意识，泥蜂的毒素还有另一种可怕的作用。蟑螂在地穴里等待必将降临的厄运时，毒液还会减缓它的新陈代谢，以保证它能活到幼蜂出生。我们可以通过单位时间内的耗氧量来判断生物新陈代谢的速率，因为所有动物（包括人类）在利用食物或体内脂肪产生能量时都会消耗氧气。科学家发现，被扁头泥蜂螫过的蟑螂，其耗氧量远低于健康同类，这可能是因为蟑螂中毒后活动减少。但是，哪怕给蟑螂喂药或切断神经细胞，让它们陷入瘫痪，它们的存活时间依然比不上被扁头泥蜂螫过的"僵尸"。[13]为什么中毒后的蟑螂活得格外久？关键可能在于充足的水分。我们尚不清楚泥蜂毒质让蟑螂保持水分充足的具体机制，但这确保了扁头泥蜂幼虫破壳而出时有新鲜的食物可吃。然后要不了多久，新的泥蜂就会钻出地穴，把蟑螂的遗骸永远地留在身后的黑暗之中。

神经毒素可能产生众多极端效果，扁头泥蜂的案例只是其中一种而已。与扁头泥蜂同属的蜂类超过130种，其中包括新命名的扁头摄魂蜂（*Ampulex dementor*，它的名字来自《哈利·波特》系列里看守魔法监狱阿兹卡班的摄魂怪）[14]。扁头摄魂蜂所属的家族庞大而多样，至少拥有上万个物种，它们以精神控制著称。这些物种的生命周期令人毛骨悚然：成蜂的食性与其他胡蜂和蜜蜂无异，但幼蜂却必须寄生在其他动物身上。它们无法完全独立，却又不能算是寄生虫——用科学家的术语来说，它们是拟寄生性昆虫。

蟑螂不是寄生蜂的唯一目标，蜘蛛、毛毛虫和蚂蚁都可能成为它们的猎物。[15]生活在北半球温带地区的潜水蜂（*Agriotypus*）会钻入水下，把卵产在石蛾幼虫身上，[16]为了完成这项任务，它最多能在水下待15分钟。勇敢的毛缘小蜂（*Lasiochalcidia*）生活在欧洲和非洲，它们会义无反顾地飞进蚁狮恐怖的嘴巴，把卵产到蚁狮的喉咙里。[17]甚至有一些重寄生蜂（hyperparasitoid）会以其他寄生蜂为宿主，比如说，生活在欧洲和亚洲的折唇姬蜂（*Lysibia*）会找到被螟蛉盘绒茧蜂（*Cotesia*）寄生过的毛毛虫，并把卵产在刚刚化蛹的茧蜂幼虫体内。[18]在某些情况下，有些胡蜂物种会嵌套寄生，形成俄罗斯套娃一样的多重结构。

为了确保幼蜂安全地长大成年，这些寄生蜂从宿主身上得到的不仅仅是食物。有一种寄生蜂还会把毛毛虫宿主变成傀儡战士，即便幼蜂刚刚啃食了毛毛虫的身体，毛毛虫依然会忠诚地保卫幼蜂。[19]另一种寄生蜂幼虫会迫使蜘蛛宿主为它织一张丑陋但坚固的网来保护蜂蛹，然后再把宿主杀死。[20]

不过，尽管这些非同寻常的寄生蜂堪称精神控制的大师，但是除了它们，还有另一些物种能够利用毒质来改变对手的

有毒：从致命武器到救命解药，看地球致命毒物如何成为生化大师

精神状态。有些物种的神经毒素甚至达到了蜂类无法企及的高度——它们能跨越人类的血脑屏障。但是，和蟑螂不一样的是，我们智人对这些搅乱大脑的物质有一种奇怪的亲近感。蟑螂对寄生蜂的毒素避之不及，但与之相反，有的人类却愿意支付每剂高达500美元的天价去获取类似的体验。

在美国的一些派对现场，你不难看到各种各样的非法物质，从大麻到迷幻药，五花八门，而且总有人邀请你也试试。但要论玩得疯，美国的派对爱好者远远比不上印度的狂欢者。在美国，一个狡黠的笑容和几张百元钞票也许能换来一剂可卡因，但在印度，花上同样的价钱，你就能尝尝眼镜蛇毒素的滋味。

有人说，那是花钱就能买到的极致快感——这样才对得起它的价钱。在印度，一小撮加在饮料里的眼镜蛇毒粉剂（道上诨号K-72或者K-76）的价格大约是其他非法毒品的5 ~ 10倍。[21]当地官员称，这种毒品的效果非常强，使用者"飘飘欲仙，根本不记得自己在哪儿，或者在干什么"。据说，在无害的剂量下，这种毒素能增强感官、提升精力，效果类似可卡因。印度的一些富裕年轻人尤其青睐这种价格高昂的毒品。

眼镜蛇毒带来的"高级快感"让印度的走私者大发其财，1升毒液的价格高达2000万卢比[22]（相当于30多万美元），不过要提取这么多毒液，需要弄死大约200条蛇。黑市交易如此猖獗，缉毒部门不得不联合野生动物专家[23]来打击非法蛇毒贸易[24]。过去几年来，缉获蛇毒的新闻屡上头条，执法人员从犯罪分子家中搜出了装满蛇毒的安全套[25]和灌满珍贵毒液的玻璃容器，其总价值超过1500万美元。[26]目前，当局已经开始利用现代的分子技术来鉴别这些非法毒品来自哪种毒蛇，以便对走私者提起两方面的诉讼：贩毒和违反动物保护法规。[27]

当然，蛇毒粉剂价格高昂，喜欢寻求刺激的人未必付得起那个价钱，所以囊中羞涩的猎奇者可能采取更直接的途径。印度一些城市的掮客会贩卖"娱乐性蛇咬"服务。这些掮客要么是独行侠，要么隶属于某个灰色娱乐场所，人们称之为"蛇馆"——这个名字可能是在模仿从前的"鸦片馆"。在这样的地方，你可以享受几个小时蛇咬带来的昏迷。神秘的蛇馆鲜有报道提及，但它们通常位于印度各大城市的危险区域。有的蛇馆号称有多种蛇类可供选择，它们分别提供轻度、中度到重度的体验。[28]愿意开口的亲历者寥寥无几，不过根据他们的描述，可供选择的毒蛇包括眼镜蛇、金环蛇和眼镜蛇科的其他物种。但是，事实不容抹杀：无论使用的是哪种毒蛇，无论是在蛇馆里还是在其他地方，这种所谓的"娱乐性活动"都可能致命；其中某些蛇更是臭名昭著的杀手，它们每年都会夺走数千条人命。

52岁的"PKD先生"有30多年的吸毒史，他改用蛇毒是"为了体验如今其他东西给不了的强烈快感"[29]。PKD先生没有选择价格高昂的粉剂，他找了个流浪耍蛇人，出了个合适的价钱，在两周的时间内，让对方哄骗毒蛇在他的前臂上咬了两次。据说，蛇毒带来的"快感"最开始表现为头晕目眩、视线模糊，接下来则是"强烈的兴奋感和持续数小时的幸福体验"。PKD先生表示，这比他以前抽的阿片[1]棒多了。其他亲历者也描述了类似的感觉：有个瘾君子在大城市的贫民窟里找了个蛇咬掮客，让一条印度眼镜蛇（Naja naja）在自己的脚上咬了一口，就是为了体验"伴随着幸福、倦怠和嗜睡感的昏迷"[30]。另一位长期成瘾者宣称，他每周都会让蛇咬自己的脚趾头两到三次；他曾试过每天一次，但高昂的价钱让他不得不放弃这样的奢侈。[31]另一位用户宣称这样的体验"棒极了，每次被咬都能带来幸福快乐的感觉"[32]。

2014年，一位19岁少年在印度喀拉拉邦被捕，他承认自己经常跋涉近160千米去享受蛇咬。这位少年供述，他付了高达40美元的价钱，让蛇毒贩子把一条小蛇按在自己的舌头下面，逼它咬自己一口。他说，蛇咬带来的快感能持续数天。[33]某些人只尝试过蛇毒这一种毒品，例如两位没有吸毒史的年轻软件工程师认为，蛇毒可以帮助自己镇静神经、治疗失眠。[34]他们尝试过让蛇咬自己身上的各个部位，包括嘴、手

---

[1] 阿片又叫鸦片，俗称大烟，源于罂粟植物蒴果，其所含主要生物碱是吗啡。——编注

指和脚趾。根据他们的说法，最好让蛇咬舌头，因为这样"生效更快、快感更强"[35]。其中一位工程师甚至宣称，蛇毒不仅能改善情绪，促进睡眠，他还觉得自己"性欲也变强了"。

你也许会觉得蛇咬太疼，为了那点儿快感不值得。有的蛇咬确实很疼，被蝰蛇咬过的幸存者常常会经历那种灼烧般的剧痛和持续数周的虚弱和肿胀。但有的蛇咬起来一点儿都不疼，你甚至不会从梦中惊醒。[36]特别是被眼镜蛇咬了的人，他们甚至会怀疑自己根本没有中毒，因为蛇有时候会"干咬"（就是它们没有注射毒液），而中毒的症状可能要到半小时甚至更久以后才会出现。[37]体验过娱乐性蛇咬的人众口一词地说，他们的伤口完全没有肿胀，这说明他们使用的蛇携带的毒质中基本不含血毒素，只有各种各样的神经毒素——这是眼镜蛇科物种独有的特征。寻求刺激的瘾君子让毒蛇咬自己的舌头和脚趾，但实际上，正是这些物种每年夺走数千条人命。那两位工程师甚至宣称，他们光顾的那家位于印度泰米尔纳德邦塞勒姆市附近的蛇馆里至少死过六个人。风险如此巨大，你或许会觉得这样的行为得不偿失，但你大大低估了神经性蛇毒的魅力。

蛇毒带来的快感并不是即时性的。它更像是一杯双倍浓度的威士忌，喝下去以后，你得等一会儿才能体验到那微醺

有毒：从致命武器到救命解药，看地球致命毒物如何成为生化大师

的感觉。不过在被咬之后半小时到两小时内，它就会击中你。神经性毒质大展神威：晕眩、视线模糊，然后是快感。

布赖恩·弗里在回忆录中表示，皮氏死亡蛇（Pilbara death adder）恰如其名，它会带来一种"绝妙的快感"。当时布赖恩全靠人工呼吸设备维持生命，因为神经毒素彻底麻痹了他的隔膜肌。虽然他的整个身体都陷入了瘫痪，但他"一点儿也不在乎"。按照他的描述：

> 灯变得更亮，所有色彩都变得格外鲜明，感觉像是吃了致幻蘑菇一样……现在，神经毒素产生了强烈的镇静效果，生命如此美丽。我就像吸入了最强效的牙科麻醉气体，或者比那还要强一千倍。等到我彻底动弹不得，别人给我接上了呼吸机，快感又攀上了新的层次，我高高地飘浮在世界之上，没有一丝牵挂和留恋。是的，我被困在自己的躯体里，完全失去了对外界的感知，这理应激发最原始的恐惧，但奇怪的是，我一点儿也不在乎。这完全是因为我动弹不得的躯壳里正在上演最精彩的派对。时间被扭曲了。我心满意足地在宇宙中徜徉，探索遥远的大陆和星系，不知今夕何夕。这是典型的"灵魂出窍"体验，大脑与身体的割离让心智陷入迷幻状态。氯胺酮之类的麻醉剂以此而著称，现在我发现，某些神经毒质也能达到同样

的效果。不过，和致幻蘑菇带来的糟糕体验不同，这次我沉醉其中，乐不思蜀。[38]

布赖恩幸运地活了下来，这得归功于医护人员的全力救治。不过有些人宣称，要体验毒素带来的快感，你完全不用把自己搞得命悬一线。有的自我免疫者（包括史蒂夫·卢德温）表示，他们在日常的注射中也能体验到相似的感觉（虽然更温和一点）。

正如我在第3章中提到过的，自我免疫者会给自己注射低剂量毒素，以此激发身体自然的免疫反应。他们会逐步增加毒素剂量，希望循环系统能产生足够的抗体，最后让自己彻底免疫某种或某几种毒素，以便更好地亲近自己养的宠物蛇。很多自我免疫者的态度相当严肃，他们会在每次注射前后记录笔记，详细描述自己的生理和心理体验。虽然所有自我免疫者都号称是为了获得免疫力而不是快感，但也有一些人承认，毒素的确会带来快感。

虽然史蒂夫·卢德温给自己注射毒素不是为了追求快感，但他也说过，极低剂量的眼镜蛇毒让他觉得自己青春焕发。[39]他解释说："眼镜蛇毒会让你精神振奋。"他还比较了蛇毒和可卡因的异同："感觉不一样，却又十分相似；它似乎会让你变得更敏感，体能也有所增强。不过（蛇毒）和可卡因还是很不一样，它不会带来那么多的情绪变化，第二天你也不会流鼻涕。"注册

　　　有毒：从致命武器到救命解药，看地球致命毒物如何成为生化大师

护士安森·卡斯特维奇（Anson Castelvecchi）也是一位自我免疫者，与自我免疫疾病抗争的经历让他对毒素和其他可能刺激免疫系统的自然疗法产生了兴趣，安森表示，第一次给自己注射铜头蝮毒素后，他产生了一种"干净舒适的快感"[40]。他用盐水将微量的乳状毒液稀释10倍，然后做了皮下注射。虽然刚开始的时候，注射的部位很疼，但一小时后，他感觉棒极了。安森说，他感觉自己"能量充沛"，也觉得确实有点儿像吸了可卡因，但是"更干净"。他甚至不愿意用"快感"这个词，因为他认为自己体验到的感觉"完全没有任何危害，倒是大有裨益"。

　　虽然布赖恩亲身体验到了神经毒质的镇静效果，他却很怀疑那些声称娱乐性蛇毒能带来快感的报道，尤其是流行于夜店的蛇毒粉剂。他说，蛇毒粉剂不太可能带来快感。人类的胃能够轻而易举地消化蛋白质，就连我们自己血液里的那些会造成严重破坏的蛋白质也不在话下，所以添加在酒精饮料中的干毒质肯定会被消化系统彻底破坏掉。的确，早在几千年前，我们就已经知道胃能分解毒质。据说罗马内战期间，在一眼泉水周围生活着很多蛇，士兵因为害怕中毒而不肯喝那里的水，小加图就向他们保证："被蛇咬了才会中毒，死亡的威胁藏在它们的毒牙中，而不是杯子里。"[41]布赖恩觉得，娱乐性的"蛇毒粉剂"中很可能含有其他非法药物，所以才会产生报道中的效果，毒品贩子只不过是用"眼镜蛇毒"的噱头来吸引客户而已。

不过，就算蛇毒粉剂完全是个骗局，娱乐性蛇咬的报道也吸引了蝴蝶科技（Butterfly Sciences）的创始人兼首席科学家布赖恩·汉利（Brian Hanley）[42]，这家私人公司与其他自我免疫者合作，致力于研发蛇毒疫苗。根据亲历者描述的效果，汉利推测蛇毒中的神经毒质可能会刺激脑部的多巴胺神经细胞，机制类似毒品γ-羟基丁酸（GHB）。[43]他还想知道，这些场所使用的毒蛇是否经过圈养繁殖，专门遴选出了毒素较温和、不会造成组织损伤的品类。"几千年来印度的耍蛇人一直是这么做的。"他指出。

我们把视线转回美国，吉姆·哈里森（Jim Harrison）有很多时间来思考毒素和毒素影响意识的效果。吉姆是肯塔基州爬行动物园的经营者，也是在爬虫界广受尊敬的名人。他管理的动物园为抗毒血清生产机构和科研机构提供蛇毒。吉姆跟蛇毒打了很多年交道，2005年年初，他第九次意外中毒，当时他正在提取一条南美响尾蛇（*Crotalus durissus terrificus*）的毒液，结果装蛇的管子破了，响尾伸出头在他的手上咬了一口。[44]被蛇咬过九次，听起来似乎很多，但你得考虑到，过去40年来，吉姆一直和妻子克莉丝汀·威利（Kristen Wiley）一起经营这家动物园，经他之手提取毒液的蛇多得数不清（每周平均要提取600～1000条蛇的毒液）。他们的动物园里养了2000条蛇，其中大部分蛇并不公开展出，而是专门用于满足抗毒血清产业对毒素的需求。

作为亲身体验过印度眼镜蛇毒吻的人类，吉姆表示，蛇咬带来的所谓"快感"，正如自我免疫者和印度医学文献所说的那样，"只有眼镜蛇才能带来这样的感觉"。[45]他直接体验过毒素导致的感官增强和情绪敏感。"你会觉得周围的一切都被点亮了，"他解释说，"你对所有东西都异常警觉，无论是人们说的话，还是别的什么事情。"

虽然吉姆不推荐任何人去体验这种生死一线的感觉，但在来到这家动物园之前，他曾在大学里跟一些阿片上瘾者一起工作过一段时间，所以他很了解瘾君子的想法，也明白毒素为何会吸引他们。"那些阿片瘾君子原来给自己注射的玩意儿就够要命了，"他说，"所以他们根本不在乎蛇毒带来的风险，他们只想再次体验那样的快感，无论是被蛇咬还是继续注射毒品。"

"有的人最初尝试阿片是为了止痛。"吉姆解释说。有证据表明，眼镜蛇毒素中含有强效的止痛剂；早在20世纪初就有实验发现，低剂量的眼镜蛇毒素能为某些对阿片类药物不敏感的疼痛患者提供完全的镇痛效果。[46]虽然目前市面上还没有适用于人类的眼镜蛇毒药物，但兽医会用一种名叫柯博辛（cobroxin）的眼镜蛇毒制剂给马匹止痛。[47]"他们给马下药，让它们跑得更快。"吉姆解释说。在比赛中使用柯博辛是违规的，但用它来给马治病却并不违法。既然眼镜蛇的"毒吻"既能止痛又能促使多巴胺分泌，那些使用其他非法药物的人自然对它趋之若鹜。目前的研究还没有发现神经毒素与蛇咬带来的"快感"之间有任何直接的联系，所以难免有人提出，蛇毒其实跟吉姆等人描述的效果基本无关。不过，另一种解释可能更合理：这份化学鸡尾酒中包含的神经毒质的确能产生一些不可思议的效果——它能跨越血脑屏障，影响我们的意识。

我们已经知道，毒素中的某些成分的确有这个能力，其中科学家研究得最透彻的是蜂毒神经肽（apamin）。这种来自蜂毒的化合物能关闭钙依赖性钾通道，从而使神经细胞变得更容易被激发。[48]高剂量的蜂毒神经肽可能导致震颤和惊厥，但在低剂量下，它会产生一些有趣的效果。大鼠实验表明，注射蜂毒神经肽能改善受试动物的学习和认知表现，[49]这意味着它能影响哺乳动物的意识。但更有趣的是，另一些研究发现，这种化合物能影响前脑中控制多巴胺分泌的神经细胞受体，让受体变得对刺激（或抑制信号的缺席）更加敏感。[50]换句话说，即便是通过注射的方式进入动物的身体，蜂毒神经肽也能跨越血脑屏障，影响大脑的奖励系统，这也是娱乐性药物的普遍特征。

蛇毒中不含蜂毒神经肽（至少据我们所知不含）。蛇毒中的神经毒质主要是蛋白质和多肽，这些分子比蜂毒神经肽大得多，所以它们要进入大脑可没那么容易——不过，请注意"主要"这个词。越来越多的证据表明，至少某些蛇毒中的部分分子能越过血脑屏障，这或许能解释为什么人被蛇咬了以后会产生快感。[51]

比如说，如果将南美响尾蛇毒素注入小鼠体内，那么两小时后，科学家就能在小鼠的脑部探测到毒素的痕迹。[52]我们已经确认，这种毒素中至少有一种成分能增强血脑屏障的渗透力，所以平常被拒之门外的某些毒质或许能趁机进入中枢神经系统。[53]同一物种毒素中的另外两种毒质（南美响尾蛇毒和南美响尾蛇胺）能产生源于中枢神经系统活动的镇痛效果，这意味着它们要么能穿过血脑屏障，要么能通过某种方式从外部影响中枢神经。[54]据科学家目前所知，眼镜蛇科物种的某些 α-神经毒素也能影响中枢神经系统，产生类似的镇痛效果。[55]研究得越深入，科学家发现的有能力冲破大脑防御系统的毒质种类就越多，这些毒质有一部分来自蛇毒，另一部分则来自蝎子等有毒动物。[56]

有个简单的事实：我们并不完全了解大多数毒素的确切成分。虽然这个领域的研究每天都有新的进展，但大部分项目专注于特定类型的分子，如蛋白质、多肽、脂类或者小分子，因为分离并测序某个类型的所有分子需要许多昂贵的设备和专业的知识。很多时候，科学家的目的并不是弄清某种毒素的所有成分，而是搞清楚哪些毒质引发的症状最严重，这样才能更好地治疗咬伤。"毒素中肯定有一些我们不了解的东西，除非有人做了相应的试验，否则我们甚至不知道它们的存在。"吉姆解释说。这并不是说近期发现的一些毒素化合物是在过去50年内刚刚演化出来的，只是以前科学家根本不知道怎么寻找它们，也不知道该去哪儿找。

☠

苏珊·柯林斯（Suzanne Collins）在《饥饿游戏》（*The Hunger Games*）中杜撰了一种可怕的害虫，它给竞技场里的战士们带来了无穷烦恼。这种"追踪胡蜂"携带着致幻毒素，参赛选手被它螫了就会发疯；在后来的续集中，"追踪胡蜂"的毒素还成了洗脑的工具，当权者利用它来改变其他角色对女主角的看法。小说中的毒蜂是基因改造的产物，但我们没有理由认为大自然不会演化出这样的物种。事实上，迈克尔·波伦（Michael Pollan）在《植物的欲望》（*The Botany of Desire*）中有一个关于大麻的设想。他认为，对大麻而言，让人类产生幻觉实际上是一种演化优势，因为人类天性使然，我们必然会培育那些能够带来快感的东西并对之进行提纯。[57]如果你觉得波伦的这个设想有几分道理，那么我们同样有理由相信，人工选择最终真的有可能造就"追踪胡蜂"这样的物种。其实，某些膜翅目物种或许已经开始朝着操纵人类意识的方向发展了，也许它们就在不远的未来等待着我们，例如携带蜂毒神经肽的那些。不过，截至目前，胡蜂的促多巴胺毒素只对昆虫有效，除非我们能找到什么办法，让这些毒素在人类身上也产生同样的效果。

当然，还有比洗脑胡蜂更可怕的事情——万一人类也拥有了这样的能力呢？要是政府掌握了某种能够提升甚至创造

有毒：从致命武器到救命解药，看地球致命毒物如何成为生化大师

愉悦感的毒质，你还会信任它吗？但是，面对未知的神经毒素，盲目的恐惧无疑会让你忽视它们巨大的潜力。我们可以利用毒素来制造只对特定物种有效的杀虫剂，因为它针对的离子通道仅存在于该物种体内。毒素还能帮助我们生产出无依赖性、不致瘾的强效镇痛药，它可以关闭特定的神经细胞，同时避免激发其他细胞。或许有朝一日，基于这些毒素生产的药物不仅能治疗，甚至可以治愈现在的某些绝症，包括神经退行性疾病和癌症。对药物而言，特异性是一种弥足珍贵的品质，而这些毒质拥有优秀的目标特异性，在它们的帮助下，我们或许能以梦寐以求的方式操控自己的身体——这正是下一章中的科学家们孜孜追求的愿景。

千万年来，我们对有毒物种敬畏交织，它们的毒质鸡尾酒让我们恐惧，也让我们神魂颠倒，直到现在，我们才开始意识到这些物种的潜力有多么强大。亿万年的演化将毒质打磨调制成了特殊的药物，它带给我们的益处远远大于害处。有朝一日，我们终将扭转局面，从致命物种的毒素中提取出治病救人的良药。有毒物种都是生物化学大师，目前我们对它们的了解不过是冰山一角，而这微不足道的一点认知正在改变一切。

Chapter **9** | 杀戮天使
Lethal
Lifesavers

让我们从死亡之吻中学习生命的课程。[1]

——费利克斯·阿德勒（Felix Adler）[1]

---

[1] 著名演说家、社会改革家，是现代人文主义的主要影响人物之一。——编注

死亡是促使我们关注有毒动物的第一驱动力。我们就是无法控制自己；没有四肢的蛇和脆弱的蜘蛛竟能战胜聪明强壮的灵长目动物，这真是既荒谬又可怕，充满好奇心的人类忍不住想一探究竟。这样致命的力量理应获得尊重与敬畏，我们应向那些拥有致命毒素的动物奉上它们应得的荣耀。可是现在，让我们与有毒动物的命运紧紧交织、永不分离的是它们守护生命的能力。

　　说到置人于死地，有毒动物远远比不上那些真正杀人如麻的"屠夫"。每年死于心血管疾病、糖尿病、癌症和慢性呼吸道疾病的人比死于其他原因的所有人加起来还多。[2] 被疾病阴影笼罩的不仅仅是老人；疾病同样威胁着 50 岁以下的人群，[3]

人类免疫缺陷病毒（HIV）和某些癌症就以极高的青壮年患病率而著称。要是被毒蛇咬了，你肯定希望能弄到强效的抗毒血清，但要真正降低全球早亡率，我们需要想点儿办法来对付那些杀手疾病。尽管这有些反直觉，但科学家们逐渐开始意识到，未来的医学奇迹或许就藏在最致命的毒素之中，要治愈那些棘手的疾病，我们需要的正是毒素摆弄身体的分子机制。只要剂量控制得当，科学家能将毒质转化为治病的神药，例如约翰·恩格（John Eng）就在一种臭名昭著的蜥蜴毒素中发现了百泌达。

20世纪90年代，恩格首次订购了一份吉拉毒蜥（Gila monster）的毒素样品，此前他从未见过这种动物。[4]对于大多数人来说，吉拉毒蜥真没什么好看的，这种蜥蜴体长近60厘米，原产于美国西南部沙漠，素有恐怖之名。吉拉毒蜥的名字恰如其分。按说，对于一种发现于吉拉河盆地且一度在该地区大量分布的爬行类动物来说，"吉拉蜥"难道不是个很合适的名字吗？但它却叫"吉拉毒蜥"。就像其他的怪兽一样，吉拉毒蜥的传说足以让最勇敢的人也心生恐惧。

"笔者从未直接见过被吉拉毒蜥咬过的受害者，但却听说过无数令人毛骨悚然的传说故事，也亲眼见到过这种蜥蜴；我绝不会轻信它的毒牙，正如我也同样不会轻信菱背响尾蛇或是恐怖的西印度粗鳞矛头蝮。"1898年，《盐湖城论坛报》（*The Salt Lake Tribune*）上一篇题为《可怕的吉拉毒蜥》（*The Horrible Gila Monster*）[5]的文章开头这样写道。作者接下来说，人们相信吉拉毒蜥"只要朝敌人吹一口气就能把对方毒死""它的皮肤会分泌一种致命的毒药"。文章作者很怀疑这些论调，不过他也表示，"无论如何，吉拉毒蜥有时候真能咬死人"。

这些故事在美国的亚利桑那州、新墨西哥州和吉拉毒蜥出没的其他地区广为流传。殖民者甚至相信，美国西南部的原住民部落也害怕这种蜥蜴的毒吻：一位记者曾经写道，"西南部的皮马族、阿帕切族、马里科帕族和尤马族印第安人从不畏惧墨西哥的蜈蚣或是响尾蛇……在他们眼里，（吉拉毒蜥）才是最可怕的爬行动物"[6]。传说这种蜥蜴个性固执，一旦咬住东西就绝不松口，"除非山中的巨灵引来雷电，哪怕需要等待一整个夏天"。《旧金山呼声报》（*The San Francisco Call*）的一篇文章讲了好几个故事来佐证吉拉毒蜥的这一奇特行为，"据说……想让吉拉毒蜥松口，那简直就是白费工夫"[7]。这篇文章还引用了美国陆军上尉 B.E. 刘易斯（B.E. Lewis）的证词，他宣称自己亲眼见过吉拉毒蜥靠吹气杀死动物。上尉说，他的狗曾在院子里发现过一条吉拉毒蜥："我看到一条吉拉毒蜥急速向狗冲去，并对着狗的脸部发出了嘶嘶声……两小时内它就死了。我和几个人一起仔细解剖了狗的遗骸，却没发现吉拉毒蜥留下的任何伤痕。我很肯定，杀死狗的那玩意儿就藏在吉拉毒蜥的嘶嘶声或呼吸中。"

吉拉毒蜥咬住东西就不松口、它们的呼吸能杀人、只要被咬肯定会死，如果你觉得这些故事不可思议，那么你是对的。

1898年《旧金山呼声报》一篇文章的配图，这篇文章以耸人听闻的手法讲述了吉拉毒蜥的"致命"故事

谁也不知道这种蜥蜴在狂野的西部为何如此声名狼藉。事实上，如今已被列入受威胁物种名录的吉拉毒蜥是一种性情羞涩、行动缓慢的动物。确切地说，它们更喜欢待在地下洞穴里，因为白天洞里更凉爽潮湿。至于吉拉毒蜥的毒素，其实它并不致命，无论19世纪的报纸写得如何天花乱坠，但迄今为止，我们还没有发现任何一例吉拉毒蜥致人死亡的可靠报告。和其他有毒物种相比，吉拉毒蜥可以说对人类基本无害，它的毒性至少比那些著名的杀手弱100倍。[8] 当然，它的毒素可能会让你疼得要死，但绝对无法轻松夺走任何人的性命。现在，我们对吉拉毒蜥的了解比以前深入得多：恩格发现，这种蜥蜴的毒素中含有一种名叫艾塞那汀（exendin）的化合物，它彻底改变了医生治疗糖尿病的方式。

抱着试一试的心情订购毒素时，恩格还不太了解这种蜥蜴，也不清楚它们的恶名。不过，恩格并不是专业的爬行动物研究者，他是纽约布朗克斯退伍军人医疗中心的一位内分泌学家。当时恩格刚刚想出了一些新办法来鉴别能对人体产生医学效果的未知激素，他很想试试这些法子是否真的管用。就在那时候，他读到了一篇报道，说美国国立卫生研究院的科学家发现了一些来自有毒蜥蜴的激素，它会促使受试动物的胰腺膨胀变大，这意味着这种毒素化合物或许能深度刺激胰腺，而胰腺是分泌胰岛素和其他关键激素的重要器官。恩格成功地利用自己发明的新办法找到了毒素中起效的激素并对之进行了测序，由此发现了一种全新的多肽激素。[9]他将这种分子命名为"艾塞那汀"，"ex"这个前缀代表"外分泌"（即唾液的分泌方式）；"en"则取自"内分泌"，即激素的分泌方式。

最终，恩格研发出了人造版本的吉拉毒蜥毒素化合物，即"艾塞那汀-4"，并将这种化合物的配方卖给了礼来制药公司。2006年，基于艾塞那汀的药物产品百泌达正式登陆美国市场。短短几年间，这款药为礼来公司创造了数十亿美元的收入（直到竞争者开始争夺市场），我们不难看出其中的原因所在："我是出于对生命的渴望——从绝望到充满希望。"牧师约翰·L.多德森（John L.Dodson）是首批尝试百泌达的患者之一，他这样告诉《纽约时报》（The New York Times）的记者。[10]人造的艾塞那汀-4又叫艾塞那肽（exenatide），这是为了将它与直接从蜥蜴毒素中提取的天然艾塞那汀区分开来。这种分子的作用类似胰高血糖素样肽-1（缩写为GLP-1），它能促进胰岛素的分泌、帮助消化。艾塞那肽只有在高血糖的环境下才会刺激胰岛素的分泌，所以和定期注射的胰岛素不同，这种激素不会造成意外的低血糖或"胰岛素昏迷"。更重要的是，GLP-1在人体内只能存在几分钟时间，然后很快就会被分解掉，如果用它来做药，那么它等不到起效就会消失，但艾塞那肽却能持续起效好几个小时。

百泌达仅仅是个开始，它的成功点燃了制药公司之间的战火。诺和诺德公司很快就推出了类似的产品诺和力（Victoza），即利拉鲁肽（liraglutide），并于2010年得到了FDA的批准。利拉鲁肽来势汹汹。2011年，就在它上市之后第一个完整的年头，[11]这款药为诺和诺德带来了超过10亿美元的收入。 2012年，礼来制药和艾米林制药公司联合推出了艾塞那肽的长效版本百达扬（Bydureon），这种药能做到每周注射，而不是每天。但后来两家公司发生了分歧，礼来公司退出了双方的合作，并将自己的权益出售给了艾米林，而艾米林很快又被制药业巨头百时美施贵宝公司和阿斯利康公司收入麾下。目前，阿斯利康拥有艾塞那肽两个版本的全部权益。[12]接下来，2013年，由丹麦西兰制药公司发现、赛诺菲取得批准并完成后续研发工作的利西拉来[Lyxumia，利西拉肽（lixisenatide）]上市；2014年，葛兰素史克的坦泽姆[Tanzeum，阿必鲁肽（albiglutide）]和礼来公司的易周糖[Trulicity，杜拉鲁肽（dulaglutide）]接踵而来。今天，这些相似度极高的药物都是医生治疗糖尿病的常规用药，要是没有吉拉毒蜥，它们都不可能存在。

对艾塞那汀-4的深入研究表明，这种肽的"魔力"可能超乎我们的想象。20世纪90年代，美国国家衰老研究院的科学家在为艾塞那汀-4做临床前试验的时候发现，[13]这种分子不仅能作用于胰腺，它还会刺激神经细胞生长、延长成熟神经细胞的寿命。基于上述发现，2010年，国家衰老研究院启动了一项人体临床试验，调查每天服用这种来自吉拉毒蜥的肽是否能帮助已经出现阿尔茨海默病早期症状或轻微认知损伤的患者预防神经退行性疾病。按照计划，这项研究应于2016

年结束。[14]如果进展顺利，它可能对全球健康研究产生重大影响。根据国际阿尔茨海默病协会的估计，全球用于治疗失智（其中很大一部分是由阿尔茨海默病引起的）的花费超过8000亿美元，到2030年，这个数字将增加到2万亿美元。[15]如果临床试验结果良好，那么除了糖尿病，百泌达或许还能用于治疗神经退行性疾病，这无疑极大地拓展了它的潜在市场。

事实上，百泌达并不是"以毒入药"的第一个例子，作为有史以来最成功的药物，卡托普利（captopril）远远走在它前面。1981年，卡托普利获得了FDA的批准。这种提取自美洲矛头蝮蛇毒素的药物能够关闭一种重要的血管收缩通路，从而降低血压；另外两种来自蛇毒的抗凝药物依替巴肽（Integrilin）和替罗菲班（Aggrastat）也利用了蛇的血毒特性。今天，市面上共有六种提取自毒素的药物，而且我们对毒素入药的研究还很零散，几乎完全出于偶然。

"我认为毒素的潜力绝不仅仅是目前这几种新药。"[16]澳大利亚布里斯班昆士兰大学的格伦·金表示。格伦最初是一位结构生物学家，他会利用核磁共振光谱法之类的复杂工具，借由原子的磁性来判断分子的形状和成分。后来某一天，一位朋友打来电话，请格伦帮忙破译他在悉尼漏斗网蜘蛛毒素中发现的一种肽的结构。格伦对此很感兴趣，他问朋友要了一份样品；蜘蛛毒素庞杂的成分令格伦深感震撼。"我当时只有一个念头：'这真是一座无人过问的药学金矿。'"从那以后，格伦一直在研究毒素，并从中寻找有用的化合物，无论是用来做杀虫剂还是给人吃的药。现在，他是毒素入药领域的翘楚之一，并将自己的研究编写成书。[17]

"20世纪八九十年代，谁也不会说：'我们应该利用毒素来制药。'"格伦告诉我。尽管已经有人做出了一些重要的发现，但还没有人尝试系统性地筛选毒素，从中挑选出可能入药的化合物。"大部分（能入药的毒质）发现都出于偶然。"不过到了21世纪，局面陡然一变，科学家开始以全新的眼光看待毒素。"人们开始说：'好吧，事实上，毒素真是一座座复杂的分子图书馆，我们应该对它们进行筛选，从中挑选出可能对某些疾病有效的成分。'"

几百年来，我们从未认真考虑过这个想法。希腊、中国和埃及的古文明都曾采用蜂针疗法，这种利用蜂毒的治疗手段是最早的毒素疗法。关于蜂针疗法最早的文字记录可追溯到公元2世纪，"实验生理学之父"盖伦（Galen）描述了用碾碎的蜜蜂尸体混合蜂蜜进行局部外敷来治疗脱发的方法。[18]传说公元8世纪的法兰克查理大帝和俄国的伊凡四世（1530—1584）都曾利用蜂螫来治疗痛风和多发性关节炎。[19]蛇的身影也常常出现在医学领域中，尤其是在古希腊，所以双蛇缠绕带翅木杖的图案（典出赫尔墨斯的故事）才会成为医学的标志。印度传统医学阿育吠陀也常常用蛇毒来治病，他们将涂有蛇毒的针刺入病人体内（名为suchikavoron），或者解完毒以后再对病人用毒（名为shodhono）。[20]传说本都王国的"毒王"米特拉达梯六世（后来他成了有史以来最著名的毒质学家）就曾利用草原蝰蛇（steppe viper）毒素的凝血特性成功止血，从战场上捡回了一条命——救治毒王的是与罗马开战前招募的塞西亚耍蛇萨满。[21]

大部分情况下，这些历史记载被认为是完全不了解人体运作机制的古人误打误撞做出的正确的选择。哪怕往最好的方向猜想，这些疗法也不过是民间偏方而已，它们常常和其他可疑的"疗法"一起被主流医学界嗤之以鼻，例如放血疗法或者在脑袋上钻洞来驱逐恶灵的环锯术。

但是，随着19世纪的结束，一部分医生和科学家开始意识到，早期的毒素探索者似乎蒙对了一些东西，于是他们开始重新审视毒素的医学价值。最开始引起人们重视的是一种变相的顺势疗法。约翰·亨利·克拉克（John Henry Clarke）在《实用药典》（*A Dictionary of Practical Materia Medica*）中描述了使用几种毒素应对各种情况的方法，其中最引人注目的或许是利用眼镜蛇毒止痛，[22]20世纪上半叶，很多医生真的在病人身上试过这种法子。[23]对于某些久治不愈的疼痛患者来说，低剂量的眼镜蛇毒的确能够有效止痛，但除此以外，它的效果并不理想。

与此同时，现代的其他毒素实验进展顺利。除了前面我们提到的研究，最近还有一项研究发现，蜂螫能改善多发性

有毒：从致命武器到救命解药，看地球致命毒物如何成为生化大师

硬化的症状。[24]虽然越来越多的毒素在动物身上表现出了令人欣喜的效果，但我们还需要人体试验来完成进一步的确认，例如利用蛇毒来治疗关节炎。[25]比尔·哈斯特和其他自我免疫者宣称"注射低剂量毒素有利于提升整体健康状况"，我们也得详细探究是否真的存在这样的情况。

除此以外，还有一些案例表明，毒素似乎能治疗医生束手无策的一些病症。我听说过的最不可思议的故事是这样的：一位名叫埃莉·洛贝尔（Ellie Lobel）的女性得了莱姆病，奄奄一息，但在被一群非洲化蜜蜂（Africanized bee）螫了以后，她竟奇迹般地康复了。

莱姆病是由一种螺旋形细菌引起的，病原体可能通过鹿蜱（肩突硬蜱）的毒吻进入人体。如果发现得早，大部分患者可以通过抗生素治疗轻松康复，但在某些情况下，出于我们尚不清楚的一些原因，顽固的细菌始终徘徊不去，最终引发神经退行性病变。埃莉拥有物理学背景，也是一位聪明的科学家，她告诉我，那时她已经病得动弹不得，几乎完全站不起来，脑子里也是一团糨糊，根本没法正常生活。[26]她试了所有办法，但无论换多少医生，用哪种疗法，病魔总会卷土重来。最后她死心了，决定搬去加州等死。刚到加州没几天，埃莉就在出门散心时遇上了一群蜜蜂，鉴于小时候就因为对蜂螫过敏差点儿丢了命，当时她以为这就是终点了。"这是上帝的意志，他不忍心让我继续受苦。"那时候她这样告诉朋友，并且拒绝治疗蜂蜇。那几天里，她经历了超乎想象的疼痛，但她没有死。3年后，埃莉告诉我，疼痛终于开始消退的时候，她觉得自己的未来似乎又有了希望。"我想：这么多年来我的脑子从来没有这么清楚过。"

谁也说不清救了埃莉的到底是不是那些蜜蜂。但这个案例表明，"毒素救人"似乎不全是天方夜谭。很快她发现，蜜蜂毒素中最常见的成分蜂毒肽是一种强效抗生素，[27]高剂量的蜂毒肽能撕裂细菌细胞并杀死它们。带来莱姆病的细菌十分狡猾，其他抗生素很难将它们彻底根除，但蜂毒肽对付它们却不费吹灰之力。[28]如果将足量的蜂毒肽送到正确的地方，这种化合物的确有可能彻底清除那些阴险毒辣的螺旋细菌。另外，有证据表明，蜜蜂和胡蜂毒素中的某些成分能逆转神经退行性病变、抑制炎症，这二者都是令慢性莱姆病患者深受其害的症状。[29]埃莉相信蜂毒救了自己一命，非但如此，她还决心推进对蜂毒和蜂毒肽的研究。现在她经营着一家蜂毒化妆品公司，除了用毒素来制造面霜和乳液，她也会捐出一部分毒素用于最尖端的蜂毒制药研究。

与毒素疗法的蒙昧年代相比，今天我们对毒素的了解要深入得多——我们不仅知道是谁分泌了这些毒素，它们有什么效果，还知道它们如何演化，哪些成分最为关键，以及让毒质得以大展神威的成千上万个活动部件。每一种毒素"鸡尾酒"都包含着多种不同的成分，每一个成分都有专门的分子级目标，正是这样的特征让毒素成了制药学的宝库。

刚开始科学家研究的只是那些毒素分泌量相对较大的动物，比如蛇；量少一点的物种有蝎子和蜘蛛。这样的选择完全是出于实际需求，因为就在几十年前，分子级的测试仍需要消耗大量原材料。"过去十年来，技术飞速进步，"格伦·金表示，"现在我们可以用极微量的毒素完成筛查，这在过去根本做不到。"但更让他欣喜的是，遗传学领域的进步打开了更多的发现之门。"现在我们可以从基因组学的角度来审视这些动物的毒质，甚至不必真的去提纯它们的毒素。这改变了一切。"

尤其重要的是，毒素拥有无与伦比的制药潜力。"无论是中风、阿尔茨海默病、失智、神经退行性疾病还是疼痛，我们都没有太好的治疗药物，"墨尔本大学澳洲毒素研究中心前负责人肯·温克尔表示，"而这些化学工程师在它们的小工厂里制造出来的五花八门的化学物质或许可以打断各种通道，或者扩展特定的通道。"[30]

当然，以毒入药并不简单。格伦说，从发现到面市，这中间可能要花费数年，甚至数十年时间。"可能出错的环节太多了，"他强调说，"首先，你得分离原始材料；然后你还得投入大量精力来理解化合物分子结构与活性之间的关系，并由此设计出理想的分子结构；接下来是各种各样的动物实验——你得先在啮齿动物身上证明这种分子的效果。直到这时候，你才有机会撬开某家制药公司的金口，让他们说出'好吧，我们愿意花钱来推进临床试验'。然后，你可能还得花3～5年来完成临床试验。"你的宝贝"药物"上刀山下火海，闯过了前面所有关卡以后，还得从FDA、欧洲药物管理局之类的管理部门手里拿到上市的许可。更常见的情况是，你的药没能过审——副作用太多、制造成本太高、合成工序太复杂，或者仅仅是在早期阶段表现不够好，不值得制药公司投资来推动它通过I期、II期和III期的临床试验（这可能需要花费数亿美元）。

这条路如此艰难，但人们仍在不断发现有潜力的新药。快速浏览一下过去几年和毒素有关的头条，你会发现治疗各种小病的曙光越来越明亮。只要是你能想得到的病，很可能都有针对性的毒素药物正在实验。海葵毒素善于应对自身免疫性疾病；[31]狼蛛毒素有望治疗肌肉萎缩症；[32]蜈蚣毒素能够缓解顽固性疼痛。[33]

癌症是个天生的靶子，毒素已经瞄准了它。治疗癌症的良药可能就隐藏在蜜蜂[34]、蛇、螺类、蝎子[35]甚至哺乳动物[36]的毒素之中。2015年，SOR-C13完成了I期临床试验，离上市又近了一步，这是一种从鼩鼱身上提取的化合物。[37]是的，某些鼩鼱有毒，它们的牙齿上有特殊的沟槽，可以将强效的毒质送入猎物体内。与此同时，来自蝎毒的"肿瘤染色物质"BLZ-100刚刚开始I期临床试验，这种化合物可以辅助鉴别癌症组织，让医生能够更彻底地清除它们。医生希望，这种"染色物质"可以帮助他们更好地完成儿童脑瘤手术。[38]

某些最致命的感染也在毒素中找到了棋逢对手的敌人。最近，科学家发现，蜂毒的一种主要成分会攻击并杀死人体免疫缺陷病毒，[39]这种病毒每年都会在世界范围内导致150万人死亡。[40]现在，科学家正在继续努力，希望由此为这种不治之症找到有效的疗法。与此类似，蛇毒中的一些化合物能有效对抗疟疾，[41]这也是现代医学久攻而不克的一座顽固堡垒。如果这些发现真的能转化为新药，那也许它们每年都能拯救5亿条生命，并缓解数百万人的痛苦。[42]

除此以外，毒素也许还能解决一些没那么要命的小病。勃起功能障碍？巴西漫游蜘蛛（Brazilian wandering spider）毒素中的一种化合物或许有望解决这个问题。[43]眼角长了鱼尾纹？蜂毒的效果说不定比肉毒素还强。[44]黑寡妇蜘蛛毒素中甚至还有一种潜在的杀精剂[45]——考虑到这个物种的雌蛛在流行文化中的形象（如果你总是在做爱以后吃掉爱人，那么你肯定会得到某种名声），这种化合物的存在简直是顺理成章。

现在，除了其他几种有潜力的新药，格伦还在研究提取自蜈蚣毒素的一种止痛药和一种抗癫痫药。"我们之所以青睐节肢动物的毒素，比如，蜘蛛、蝎子、蜈蚣，是因为这些化合物都是神经毒素，"他解释说，"这个庞大的分子库中充斥着可调节离子通道的各种化合物，我们需要的正是这样的东西。"

不过，如果你想治疗其他一些疾病，例如心脏病或血液疾病，那节肢动物或许不是最好的选择。"如果我想治疗某种心血管疾病，那么蜘蛛毒素可能完全没用。蛛毒的目标不是影响昆虫的心血管系统，因为昆虫压根儿就没有这套系统，它们的循环系统是开放式的。"格伦表示。

"根据你想治疗的疾病谨慎挑选使用哪种毒素，这就是一切的关键。"格伦说。有毒物种如此丰富多彩，它们的毒素是一座取之不尽、用之不竭的宝库。毒素如此多姿多彩——单单一种动物就可能拥有数百种不同的毒素化合物，哪怕是近亲的相似毒素也有诸多细微的转折与变化，生命之树上伸展着无数条有毒演化支，每根枝条都有一套独特的秘方。

但是，人类总是特别擅长涸泽而渔。"我们必须小心保护有毒物种的生物多样性，"肯·温克尔告诉我，"这些生物经历了亿万年的演化，但我们轻而易举地就能将它们从地球上抹除，甚至不需要经过任何思考。"

这颗星球上有一些物种我们从未见过。它们生活在人类未曾探索过的陆地和海洋中，在那个我们全然陌生的世界里挣扎求存。虽然我们并未亲眼看到或直接触摸过它们，但我们的日常活动却会影响它们的生存。从城市中流出的污染物污染了它们的水源；我们的垃圾散落在它们的栖息地上，数以亿计的塑料制品让它们无处可逃。我们随心所欲地改变着这颗星球，从未停下来好好思考过这些举动会如何影响气候。我们摧毁了它们的家园，这些物种就此消失，我们甚至没有机会认识它们。

还有一些事情我们明明知道却假装不记得。每年都有数万条响尾蛇丧生于人类之手，[46]有时候人们是为了剥皮取肉，但有时候，这仅仅是为了满足某些残忍者变态的虐待欲。懒猴水汪汪的大眼睛无法打动偷猎者的铁石心肠，作为世界上唯一一种有毒的灵长目动物，懒猴在黑市上颇受欢迎，有人把它买回去做宠物，还有人把它拿去做表演道具或者获取它的身体器官。[47]蛇、蜘蛛和蝎子等深受人类先祖敬畏的物种如今成了不受欢迎的入侵者，人们假借安全之名驱逐它们。在长达30亿 ~ 40亿年[48]的地球生命史中，物种灭绝的速度从未像今天这样快过，而这一切都是人类造成的；短短几千年内，死于人类之手的物种比火山爆发、冰期和其他灾变消灭的物种加起来还多。

这颗星球上的每一个物种都有自己的故事，演化的史诗中藏着代代相传的知识。任由这些物种消失无异于放火烧掉地球上的一座座图书馆。我们需要的所有信息、理解生命本身的钥匙都在这里。蛇、蜘蛛、蝎子、蜜蜂、胡蜂和蚂蚁、水母、鱼、海胆、章鱼，甚至奇怪的鸭嘴兽，亿万年的试错造就了这些物种，如果单靠人类的积累，我们永远不可能拥有这么庞大的数据库；如果我们无法保护这颗星球令人叹为观止的生物多样性，守护这座生物化学的宝库，那么这一切都将失去意义。

我们可以并且应该保护有毒物种，因为它们如此美丽而精彩。我们可以并且应该保护它们，因为它们是生态系统不可或缺的一部分，如果失去它们，整个生态圈都将分崩离析。我们应该保护有毒动物，最关键的理由是，这些动物拥有演化成熟的毒质，它们对人体的了解比我们自己还要多。要真正理解我们自身、理解生命，我们离不开有毒动物。

尾　注

第 1 章　生理学大师

1. Roger A. Caras, "Venomous Animals of the World"（Englewood, NJ: Prentice Hall Trade, 1974）, xiii.

2. George Shaw, "*Platypus anatinus*: The Duck-Billed Platypus", *The Naturalist's Miscellany*, vol.10（London: F. P. Nodder and Co., 1799）, 118.

3. Don E. Wilson and DeeAnn M. Reeder, eds.,*Mammal Species of the World: A Taxonomic and Geographic Reference*, 3rd ed.（Baltimore: Johns Hopkins University Press, 2005）.

4. David R. Nelsen et al., "Poisons, toxungens, and venoms: Redefining and classifying toxic biological secretions and the organisms that employ them", *Biological Reviews* 89, no.2（2014）: 450–465.

5. P. J. Fenner et al., "Platypus envenomation—apainful learning experience",*The Medical Journal of Australia* 157（1992）: 829–832.

6. Camilla M. Whittington et al.,"Novel venom gene discovery in the platypus",*Genome Biology* 11, no. 9（2010）: R95.

7. Min Li et al.,"Eggs-only diet: Its implications for the toxin profile changes and ecology of the marbled sea snake (*Aipysurus eydouxii*)", *Journal of Molecular Evolution 60*, no.1 (2005): 81–89.

8. Adrienne Mayor, *The Poison King: The Life and Legend of Mithradates, Rome's Deadliest Enemy* (Princeton, NJ: Princeton University Press, 2011); A.Mayor,"Mithridates of Pontus and His Universal Antidote", in *History of Toxicology and Environmental Health: Toxicology in Antiquity*, vol. 1, ed. Philip Wexler (Waltham, MA: Academic Press / Elsevier, 2014), 28.

9. *Nicander: The Poems and Poetical Fragments*,ed. and trans. A.S.F.Gow and A.F.Schofield (Cambridge, U.K.: Cambridge University Press, 1953).

10. Chauncey D.Leake,"Development of knowledge about venoms", in *Venomous Animals and Their Venoms*, vol.I: *Venomous Vertebrates*, ed. Wolfgang Bücherl, Eleanor E.Buckley, and Venancio Deulofeu (New York: Academic Press, 1968), 1.

11. Leake, 8.

12. "XXXVI. Extracts from the MinuteBook of the Society.Mar.18,1817.Read an Extract of a Letter addressed to the Secretary from Sir John Jamison, F.L.S.,dated at Regentville, New South Wales, September 10, 1816",*Transactions of the Linnean Society of London* 12, no.2 (1818): 584–585.

13. M.H.de Blainville, "Observations surl'organe appelé Ergot dans l'ornithorinque," *Journal de Physique, de Chimie,d'Histoire Naturelle et des Arts* 84 (1817): 318–320.

14. Anonymous, letter to the editor, *The Sydney Gazette and New South Wales Advertiser*, December 4, 1823, p.4.

15. T. Axford,"Notice regarding the Ornithorhynchus",*Edinburgh New Philosophical Journal* 6 (1829):399–400.

16. Arthur Nicols, *Zoological Notes: On the Structure, Affinities, Habits, and Mental Faculties of Wild and Domestic Animals* (London: L.Upcott Gill, 1883), 122.

17. Barbara J. Hawgood,"Doctor Albert Calmette 1863–1933: Founder of antivenomous serotherapy and of antituberculous BCG vaccination",*Toxicon* 37,no.9 (1999): 1241–1258.

18."Poisoned Wounds produced by the Duckmole (Platypus)", *British Medical Journal* (June 16, 1894): 1332.

19. C.J.Martin and Frank Tidswell,"Observations on the femoral gland of Ornithorhynchus and its secretion; together with an experimental enquiry concerning its supposed toxic action", *Proceedings of the Linnean Society of New South Wales* 9 (1895): 471–500.

20. C.H.Kellaway and D. H. Le Messurier,"The venom of the platypus (*Ornithorhynchus anatinus*)", *Australian Journal of Experimental Biological and Medical Sciences* 13 (1935): 205–221.

21. Camilla M. Whittington et al.,"Understanding and utilising mammalian venom via a platypus venom transcriptome", *Journal of Proteomics* 72, no.2 (2009): 155–164.

22. G.De Plater, R.L.Martin, and P.J. Milburn,"A pharmacological and biochemical investigation of the venom from the platypus (*Ornithorhynchus anatinus*)", Toxicon 33, no.2 (1995): 157–169.

第 2 章　它即死神

1. Angel Yanagihara, e-mail exchanges,December 12, 2012–November 19,2015.

2. Douglas H. Erwin et al.,"The Cambrian conundrum: Early divergence and later ecological success in the early history of animals", *Science* 334 (2011): 1091–1097.

3. T. Holstein and P. Tardent,"An ultrahighspeed analysis of exocytosis: Nematocyst discharge", *Science* 223 (1984):830–833.

4. Angel Yanagihara and Ralph V.Shohet,"Cubozoan venom-induced cardiovascular collapse is caused by hyperkalemia and prevented by zinc gluconate in mice", *PLoS ONE* 7,no.12 (2012): e51368, Figure 4.

5. Yanagihara and Shohet.

6. Mahdokht Jouiaei et al.,"Firing the sting: Chemically induced discharge of cnidae reveals novel proteins and peptides from box jellyfish (*Chironex fleckeri*) venom," *Toxins* 7, no.3 (2015): 936–950.

7."Jellyfish Gone Wild",National Science Foundation,www.nsf.gov/news/special_reports/jellyfish/textonly/locations_australia.jsp.

8. Val Tech Diagnostics, Inc., "Water: Safety Data Sheet", November 15, 2013, revised September 12,2014,4.

9. B.Zane Horowitz,"Botulinum toxin",*Critical Care Clinics* 21, no.4 (2005): 825–839.

10. Gross and Gross, 91.

11. A.J.Broad, S.K.Sutherland, and A.R.Coulter,"The lethality in mice of dangerous Australian and other snake venom," *Toxicon* 17,no.6（1979）: 661–664.

12. Gary J. Calton and Joseph W. Burnett, "Partial purification of *Chironex fleckeri* （sea wasp）venom by immunochromatography with antivenom", *Toxicon* 24, no.4 （1986）: 416–420.

13. Frank F.S.Daly et al.,"Neutralization of *Latrodectus mactans* and *L. hesperus* venom by redback spider（*L.hasseltii*）antivenom", *Journal of Toxicology: Clinical Toxicology* 39,no.2（2001）:119–123.

14. F.Hassan,"Production of scorpion antivenin", in *Handbook of Natural Toxins*, vol.2: *Insect Poisons, Allergens, and Other Invertebrate Venoms*,ed. Anthony T.Tu.（New York and Basel: Marcel Dekker,1984）,577–605.

15. National Institute for Occupational Safety and Health, Registry of Toxic Effects of Chemical Substances（RTECS）,December 3,1998.

16. 0.19 mg of *Lonomia* bristle extract per 18–20g mouse, A.C.Rocha-Campos et al.,"Specific heterologous F（ab'）$_2$ antibodies revert blood incoagulability resulting from envenoming by *Lonomia obliqua* caterpillars",*The American Journal of Tropical Medicine and Hygiene* 64（2001）: 283–289.

17. Patricia J. Schmidt, Wade C.Sherbrooke, and Justin O.Schmidt,"The detoxification of ant（*Pogonomyrmex*）venom by a blood factor in horned lizards（*Phrynosoma*）",*Copeia* no.3（1989）: 603–607; J.O.Schmidt,"Hymenopteran venoms:Striving towards the ultimate defense against vertebrates",in *Insect Defenses: Adaptive Mechanisms and Strategies of Prey and Predators*, ed. David L.Evans and J.O.Schmidt.（Albany, NY: SUNY Press, 1990）, 387–419.

18. Shigeo Yoshiba, "An estimation of the most dangerous species of cone shell, *Conus* （*Gastridium*）*geographus* Linne, 1758, venom's lethal dose in humans",*Japanese Journal of Hygiene* 39（1984）: 565–572; Sébastien Dutertre et al.,"Intraspecific variations in *Conus geographus* defence-evoked venom and estimation of the human lethal dose",*Toxicon* 91,no.1（2014）: 135–144.

19. Charles Baker Alender, "The venom from the heads of the globiferous pedicellariae of the sea urchin,*Tripneustes gratilla*（Linnaeus）"（Ph.D. dissertation, University of Hawaii,1964）, 87; Bruce W. Halstead,"Current status of marine biotoxicology—

An overview", *Clinical Toxicology* 18,no.1（1981）: 9.

20. Halstead, 12.

21. Halstead, 13; H. E. Khoo et al.,"Biological activities of *Synanceja horrida*（stonefish）venom", *Natural Toxins* 1, no.1（1992）: 54–60.

22. 皮下注射值计算大于非致死性脚掌皮下注射，见 C. Wilcox,"Venomous Frogs Are Super- Awesome, but They Are Not Going to Kill You（I Promise）", *Science Sushi*（Discover Magazine Blogs）, August 7, 2015, http://blogs.discovermagazine. com/science-sushi/2015/08/07/venomous-frogs-are -super -awesome -but-they-are-not-going-to-kill-you-i-promise/. Intraperitoneal value given in Carlos Jared et al., "Venomous frogs use heads as weapons", *Current Biology* 25,no.16（2015）: 2166–2170.

23. Olga Pudovka Gross and Gus A.Gross, *Management of Snakebites: Study Manual and Guide for Health Care Professionals*（Victoria,BC,Canada: FriesenPress, 2011）, 91.

24. 同上。

25. George R. Zug and Carl H. Ernst, *Snakes in Question: The Smithsonian Answer Book*（Washington, D.C.: Smithsonian Institution, 2015）.

26. Sydney Ellis and Otto Kraver,"Properties of a toxin from the salivary gland of the shrew, *Blarina brevicauda*", *Journal of Pharmacology and Experimental Therapeutics* 114,no.2（1955）:127–137.

27. 徐勤惠. 河豚毒素对小鼠和家兔的毒性研究, 卫生研究, 2003（4）: 371-374。

28. Hiroshi Nagai et al.,"A novel protein toxin from the deadly box jellyfish（Sea Wasp, Habu-kurage）*Chiropsalmus quadrigatus*", *Bioscience, Biotechnology, and Biochemistry* 66,no.1（2002）: 97–102.

29. Halstead, 6.

30. Lisa-Ann Gershwin,"Two new species of box jellies（Cnidaria: Cubozoa: Carybdeida）from the central coast of Western Australia, both presumed to cause Irukandji syndrome", *Records of the Western Australian Museum* 29（2014）: 10–19.

31. Sergio Bettini, M. Maroli, and Z.Maretić,"Venoms of Theridiidae, genus *Latrodectus*", in *Arthropod Venoms: Handbook of Experimental Pharmacology*, ed.S.Bettini（Berlin and Heidelberg: Springer, 1978）, 160.

32. Bart J.Currie and Susan P.Jacups,"Prospective study of *Chironex fleckeri* and other

box jellyfish stings in the'Top End' of Australia's Northern Territory",*Medical Journal of Australia* 183, nos.11/12（2005）: 631.

33. "Ophiophagus hannah", Clinical Toxinology Resources, The University of Adelaide, www.toxinology.com/fusebox.cfm?fuseaction=main.snakes.display&id=SN0048.

34. Anuradhani Kasturiratne et al.,"The global burden of snakebite: A literature analysis and modelling based on regional estimates of envenoming and deaths",*PLoS Medicine* 5,no.11（2008）: e218.

35. Kavitha Saravu et al., "Clinical profile, species-specific severity grading, and outcome determinants of snake envenomation: An Indian tertiary care hospital-based prospective study",*Indian Journal of Critical Care Medicine* 16,no.4（2012）: 187; M.L.Ahuja and G. Singh, "Snake bite in India",in *Venoms*, ed. E. E. Buckley and N. Porges（Washington, D.C.: American Association for the Advancement of Science, 1956）, 341–352.

36. Linda Christian Carrijo-Carvalho and Ana Marisa Chudzinski-Tavassi, "The venom of the *Lonomia* caterpillar: An overview",*Toxicon* 49, no.6（2007）: 741–757.

37. Pedro André Kowacs et al.,"Fatal intracerebral hemorrhage secondary to *Lonomia obliqua* caterpillar envenoming:Case report",*Arquivos de Neuro-Psiquiatria* 64, no.4（2006）: 1030–1032.

38. Centers for Disease Control and Prevention, *Biosafety in Microbiological and Biomedical Laboratories*, 5th ed.,Section VIIIG: "Toxin Agents",HHS Publication No.（CDC）21–1112（2009）: 276.

39. Ian D. Simpson and Robert L. Norris,"Snakes of medical importance in India: Is the concept of the'Big 4'still relevant and useful?" *Wilderness and Environmental Medicine* 18, no.1（2007）: 2–9.

40. Nathaniel Brassey Halhead, *A Code of Gentoo Laws, or, Ordinations of the Pundits, from a Persian Translation, Made from the Original, Written in the Shanscrit Language*（London, 1776）.

41. Vipul Namdeorao Ambade, Jaydeo Laxman Borkar, and Satin Kalidas Meshram,"Homicide by direct snake bite: A case of contract killing", *Medicine, Science and the Law* 52,no.1（2012）: 40–43.

42. Thomas G. Burton, *The Serpent and the Spirit: Glenn Summerford's Story*（Knoxville: The University of Tennessee Press, 2004）.

43. Burton, 5–15.

44. Burton, 125–140.

45. Gerald F. Uelmen, "Memorable Murder Trials of Los Angeles", *Los Angeles Lawyer* 4（March 1981）: 21.

46. Ambade et al., 40–41.

47. W.Ralph Johnson, "A quean, a great queen? Cleopatra and the politics of misrepresentation", *Arion* 6,no.3（1967）:387–402.

48. Michael Grant, *Cleopatra*（Edison, NJ: Castle Books, 1972; repr. 2004）, 216–228.

49. François P. Retief and Louise Cilliers, "The death of Cleopatra", *Acta Theologica* 26, no.2, Supplementum 7（2005）:79–88.

50. Robert W. Rix, "The afterlife of a death song: Reception of Ragnar Lodbrog's poem in Britain until the end of the eighteenth century", *Studia Neophilologica* 81,no.1（2009）: 53–68.

51. Kasturiratne et al., e218.

52. Henry Ansgar Kelly, "The metamorphoses of the Eden serpent during the Middle Ages and Renaissance", *Viator* 2（1972）:301–328.

53. Balaji Mundkur et al., "The cult of the serpent in the Americas: Its Asian background [and comments and reply]", *Current Anthropology* 17, no.3（1976）: 429–455.

54. Lynne A. Isbell, *The Fruit, the Tree, and the Serpent: Why We See So Well*（Cambridge, MA: Harvard University Press, 2009）.

55. Isbell, 104–106.

56. Quan Van Le et al., "Pulvinar neurons reveal neurobiological evidence of past selection for rapid detection of snakes", *PNAS* 110, no.47（2013）: 19000–19005; Judy S.DeLoache and Vanessa LoBue, "The narrow fellow in the grass: Human infants associate snakes and fear", *Developmental Science* 12,no.1（2009）: 201–207.

57. Sandra C. Soares et al., "The hidden snake in the grass: Superior detection of snakes in challenging attentional conditions", *PLoS ONE* 9, no. 12（2014）: e114724.

58. Arne Öhman and Joaquim J.F.Soares, "'Unconscious anxiety': Phobic responses to masked stimuli", *Journal of Abnormal Psychology* 103, no.2（1994）: 231–240.

59. Isbell, 145–153.

60. Ricky L. Langley, "Animalrelated fatalities in the United States—an update",*Wilderness and Environmental Medicine* 16, no.2（2005）: 67–74.

61. J.M.C. Ribeiro, "Role of saliva in blood-feeding by arthropods",*Annual Review of Entomology* 32（1987）: 463–478.

62. World Health Organization, Global Health Observatory（GHO）data: "Number of malaria deaths: Estimated deaths, 2012", www.who.int/gho/malaria/epidemic/deaths/en/.

63. World Health Organization, fact sheet no.100,"Yellow Fever", updated March 2014, www.who.int/mediacentre/factsheets/fs100/en/.

64. World Health Organization, fact sheet no. 117, "Dengue and Severe Dengue", updated May 2015, www.who.int/mediacentre/factsheets/fs117/en/.

65. World Health Organization, fact sheet no.386,"Japanese Encephalitis", December 2015, www.who.int/mediacentre/factsheets/fs386/en/.

66. World Health Organization, fact sheet no.102,"Lymphatic Filariasis", updated May 2015, www.who.int/mediacentre/factsheets/fs102/en/.

67. Janet Fang, "Ecology: A world without mosquitoes," *Nature* 466（2010）: 432–434.

68. Janet Fang, "Ecology: A world without mosquitoes," *Nature* 466（2010）: 433.

69. Richard E. Warner,"The role of introduced diseases in the extinction of the endemic Hawaiian avifauna", *The Condor* 70（1968）: 101–120.

第 3 章 猫鼬与人

1. Joel La Rocque,"Self Immunization—A Dangerous Road to Travel", *ezine articles,* September 18, 2009, http://ezinearticles.com/?Self-Immunization—A-Dangerous-Road-To-Travel&id=2947421.

2. World Health Organization, "WHO Guidelines for the Production Control and Regulation of Snake Antivenom Immunoglobulins"（Geneva, Switzerland: WHO Press, 2010）, www.who.int/bloodproducts/snake_antivenoms/SnakeAntivenomGuideline.pdf.

3. I.B.Gawarammana et al.,"Parallel infusion of hydrocortisone ± chlorpheniramine bolus injection to prevent acute adverse reactions to antivenom for snakebites",

Medical Journal of Australia 180（2004）: 20–23; C.A.Ariaratnam et al.,"An open, randomized comparative trial of two antivenoms for the treatment of envenoming by Sri Lankan Russell's viper（*Daboia russelii russelii*）", *Transactions of the Royal Society of Tropical Medicine and Hygiene* 95, no. 1（2001）: 74–80; A.P.Premawardhena et al., "Low dose subcutaneous adrenaline to prevent acute adverse reactions to antivenom serum in people bitten by snakes: Randomised, placebo controlled trial", *British Medical Journal* 318（1999）:1041–1043.

4. H. Moussatché and J. Perales,"Factors underlying the natural resistance of animals against snake venoms",*Memórias do Instituto Oswaldo Cruz* 84, Suppl.IV（1989）: 391–394.

5. Ashlee H. Rowe and Matthew P. Rowe,"Physiological resistance of grasshopper mice（*Onychomys* spp.）to Arizona bark scorpion（*Centruroides exilicauda*）venom",*Toxicon* 52（2008）: 597–605.

6. Sameh Darawshi, "The ecology of the Short-toed Eagle（*Circaetus gallicus*）in the Judean Slopes, Israel"（graduate thesis, The Hebrew University of Jerusalem, 2013）, www.rufford.org/files/sameh _darawshi_RSG_Final.pdf.

7. Eliahu Zlotkin et al.,"Predatory behaviour of gekkonid lizards,*Ptyodactylus* spp.,towards the scorpion *Leiurus quinquestriatus hebraeus*, and their tolerance of its venom",*Journal of Natural History* 37, no.5（2003）: 641–646.

8. W.L.Meyer,"Most Toxic Insect Venom",Book of Insect Records, University of Florida, May 1, 1996.

9. Schmidt, Sherbrooke, and Schmidt,606.

10. John C. Perez, Willis C. Haws, and Curtis H. Hatch,"Resistance of woodrats（*Neotoma micropus*）to *Crotalus atrox venom*",*Toxicon* 16,no.2（1978）:198–200.

11. Vivian E.Garcia and John C.Perez,"The purification and characterization of an antihemorrhagic factor in woodrat（*Neotoma micropus*）serum",*Toxicon* 22,no.1（1984）:129–138.

12. Harold Heatwole and Judy Powell, "Resistance of eels（*Gymnothorax*）to the venom of sea kraits（*Laticauda colubrina*）: A test of coevolution",*Toxicon* 36,no.4（1998）:619–625.

13. Michael Ovadia and E.Kochva,"Neutralization of Viperidae and Elapidae snake venoms by sera of different animals",*Toxicon* 15,no.6（1977）:541–547.

14. Dorothy E. Bonnett and Sheldon I. Guttman,"Inhibition of moccasin（*Agkistrodon piscivoris*）venom proteolytic activity by the serum of the Florida king snake（*Lampropeltis getulus floridana*）",*Toxicon* 9,no.4（1971）:417–425.

15. Robert S.Voss and Sharon A.Jansa,"Snake-venom resistance as a mammalian trophic adaptation: Lessons from didelphid marsupials",*Biological Reviews* 87,no.4（2012）:822–837; Robert M. Werner and James A.Vick,"Resistance of the opossum（*Didelphis virginiana*）to envenomation by snakes of the family Crotalidae",*Toxicon* 15,no.1（1977）:29–32.

16. Avner Bdolah et al.,"Resistance of the Egyptian mongoose to sarafotoxins",*Toxicon* 35,no.8（1997）:1251–1261.

17. Ovadia and Kochva,"Neutralization of Viperidae and Elapidae snake venoms."

18. Dora Barchan et al.,"How the mongoose can fight the snake: The binding site of the mongoose acetylcholine receptor",*PNAS* 89（1992）:7717–7721.

19. Danielle H.Drabeck,Antony M.Dean, and Sharon A.Jansa,"Why the honey badger don't care: Convergent evolution of venom-targeted nicotinic acetylcholine receptors in mammals that survive venomous snake bites",*Toxicon* 99（2015）:68–72.

20. Alexis Rodriguez-Acosta, Irma Aguilar,and Maria E.Giron, "Antivenom activity of opossum（*Didelphis marsupialis*）serum fraction", *Toxicon* 33, no.1（1995）: 95–98; Jonas Perales et al., "Neutralization of the oedematogenic activity of *Bothrops jararaca* venom on the mouse paw by an antibothropic fraction isolated from opossum（*Didelphis marsupialis*）serum", *Inflammation and Immunomodulation: Agents and Actions* 37（1992）: 250–259; Ana G.C.Neves-Ferreira et al., "Isolation and characterization of DM40 and DM43, two snake venom metalloproteinase inhibitors from *Didelphis marsupialis* serum", *Biochimica et Biophysica Acta—General Subjects* 1474, no.3（2000）: 309–320.

21. P.B.Jurgilas et al.,"Detection of an antibothropic fraction in opossum（*Didelphis marsupialis*）milk that neutralizes *Bothrops jararaca venom*", *Toxicon* 37, no.1（1999）: 167–172.

22. Cynthia A.de Wit and Björn R. Weström, "Venom resistance in the hedgehog, *Erinaceus europaeus*: Purification and identification of macroglobulin inhibitors as plasma antihemorrhagic factors", *Toxicon* 25, no.3（1987）: 315–323; Tamotsu Omori-Satoh, Yoshio Yamakawa, and Dietrich Mebs, "The antihemorrhagic factor,

erinacin, from the European hedgehog（ *Erinaceus europaeus* ）, a metalloprotease inhibitor of large molecular size possessing ficolin/opsonin P35 lectin domains", *Toxicon* 38, no.11（2000）: 1561–1580.

23. G.B.Domont, J.Perales, and H.Moussatché, "Natural anti-snake venom proteins", *Toxicon* 29, no.10（1991）: 1183–1194.

24. Sharon A.Jansa and Robert S.Voss, "Adaptive evolution of the venom-targeted vWF protein in opossums that eat pitvipers", *PLoS ONE* 6（2011）: e20997.

25. Nuxx,"Steve Ludwin", www.nuxx.com/section.php?id=sl.

26. Steve Ludwin, "The Day Kurt Cobain Threatened to Kill My Girlfriend", *Noisey: Music by Vice*, July 14, 2014, http://noisey.vice.com/en_uk/blog/the-day-kurt-cobain-threatened-to-kill-my-girlfriend-steve-ludwin.

27. Steve Ludwin, phone interview, January 21, 2015.

28. Gordon Gordh and David Headrick, *A Dictionary of Entomology*, 2nd ed.（Wallingford, U.K., and Cambridge,MA: CABI International, 2011）, 625.

29. Nancy Haast, The Official Website of W.E."Bill"Haast, www.billhaast.com/.

30. N.Haast, "Snakebites and Immunity", www.billhaast.com/serpentarium/immunization_snakebites.html.

31. N.Haast, "Snakebites and Immunity."

32. VisualSOLUTIONSMedia, "Bill Haast, Snake Man: An American Original", *YouTube*, June 23, 2011, www.youtube.com/watch?v=hDAaXQJ9BtU.

33. Steve Ludwin, "IAmA guy who's been injecting deadly snake venom into myself for 20 years. AMA [Ask Me Anything]", *Reddit*, January 29, 2013, www.reddit.com/r/IAmA/comments/17hzhk/iama_guy_whos_been_injecting_deadly_snake_venom/.

34. Andreas H.Laustsen et al.,"Snake venomics of monocled cobra（ *Naja kaouthia* ）and investigation of human IgG response against venom toxins", *Toxicon* 99（2015）: 23–35.

35. R.G.Bell, "IgE, allergies and helminth parasites: A new perspective on an old conundrum", *Immunology and Cell Biology* 74（1996）: 337–345.

36. Margie Profet, "The function of allergy: Immunological defense against toxins", Quarterly Review of Biology 66, no.1（1991）: 23–62.

37. Thomas Marichal et al., "A beneficial role for immunoglobulin E in host defense

against honeybee venom", *Immunity* 39, no.5（2013）: 963–975; Dario A. Gutierrez and Hans-Reimer Rodewald, "A sting in the tale of Th2 immunity", *Immunity* 39, no.5（2013）:803–805.

第 4 章　疼痛难忍

1. Justin O. Schmidt, *The Sting of the Wild*（Baltimore, MD: Johns Hopkins University Press, 2016）, 221–230.

2. Vidal Haddad Junior, João Luiz Costa Cardoso, and Roberto Henrique Pinto Moraes, "Description of an injury in a human caused by a false tocandira（*Dinoponera gigantea, Perty*, 1833）with a revision on folkloric, pharmacological and clinical aspects of the giant ants of the genera *Paraponera* and *Dinoponera*（sub-family Ponerinae）", *Revista do Instituto de Medicina Tropical de São Paulo* 47, no.4（2005）: 235–238.

3. Hamish and Andy, "The worst pain known to man", *YouTube*, August 5, 2014, www.youtube.com/watch?v=it0V7xv9qu0.

4. National Geographic, "Wearing a Glove of Venomous Ants", *YouTube*, March 3, 2011, www.youtube.com/watch?v=XEWmynRcEEQ.

5. Steve Backshall, "Bitten by the Amazon", *The Sunday Times*, January 6, 2008, www.thesundaytimes.co.uk/sto/travel/Holidays/Wildlife/article77936.ece.

6. Heinz Steinitz, "Observations on *Pterois miles*（L.）and its venom", *Copeia* no.2（1959）: 159–161.

7. Albert Calmette, *Venoms: Venomous Animals and Antivenomous Serum-Therapeutics*, trans. Ernest E. Austen（New York: William Wood and Company, 1908）, 290.

8. J.L.B.Smith, "A case of poisoning by the stonefish, *Synanceja verrucosa*", *Copeia* no.3（1951）: 207–210.

9. N.K.Cooper, "Stone fish and stingrays—some notes on the injuries that they cause to man", *Journal of the Royal Army Medical Corps* 137, no.3（1991）: 136–140.

10. Edmund D. Cressman, "Beyond the Sunset", *Classical Journal* 27, no.9（1932）: 669–674.

11. Rene Lynch, "'Crocodile Hunter' cameraman: Footage of Steve Irwin death is private",*Los Angeles Times*, March 10, 2014, www.latimes.com/nation /la-sh-crocodile-hunter-steve-irwins-last-words-im-dying-20140310-story.html.

12. K.Melzer et al., "Pregnancy-related changes in activity energy expenditure and resting metabolic rate in Switzerland", *European Journal of Clinical Nutrition* 63, no.10（2009）:1185–1191.

13. Marshall D.McCue, "Cost of producing venom in three North American pitviper species", *Copeia* no.4（2006）:818–825.

14. A.F.V.Pintor, A.K.Krockenberger, and J. E. Seymour, "Costs of venom production in the common death adder（*Acanthophis antarcticus*）", *Toxicon* 56, no.6（2010）: 1035–1042.

15. Heidi K.Byrne and Jack H. Wilmore, "The effects of a 20-week exercise training program on resting metabolic rate in previously sedentary, moderately obese women", *The International Journal of Sport Nutrition and Exercise Metabolism* 11（2001）: 15–31; Jeffrey T.Lemmer et al., "Effect of strength training on resting metabolic rate and physical activity: age and gender comparisons", *Medicine and Science in Sports and Exercise* 33（2001）: 532–541; and J. C. Aristizabal et al., "Effect of resistance training on resting metabolic rate and its estimation by a dualenergy X-ray absorptiometry metabolic map", *European Journal of Clinical Nutrition* 69（2014）: 831–836.

16. Zia Nisani, Stephen G. Dunbar, and William K. Hayes, "Cost of venom regeneration in *Parabuthus transvaalicus*（Arachnida: Buthidae）", *Comparative Biochemistry and Physiology Part A: Molecular and Integrative Physiology* 147, no.2（2007）: 509–513; Nisani et al.,"Investigating the chemical profile of regenerated scorpion（*Parabuthus transvaalicus*）venom in relation to metabolic cost and toxicity", *Toxicon* 60, no.3（2012）: 315–323.

17. David Morgenstern and Glenn F. King, "The venom optimization hypothesis revisited", *Toxicon* 63（2013）: 120–128.

18. "Fortunately, 50% of bites by venomous snakes are 'dry bites' that result in negligible envenomation", Syed Moied Ahmed et al., "Emergency treatment of a snake bite: Pearls from literature", *Journal of Emergencies, Trauma and Shock* 1, no.2（2008）: 97–105; "one in every four", Kasturiratne et al., e218.

19. Ming-Ling Wu et al.,"Sea-urchin envenomation", *Veterinary and Human Toxicology* 45, no.6（2003）: 307–309.

20. Nicholas R.Casewell et al., "Complex cocktails: The evolutionary novelty of venoms", *Trends in Ecology and Evolution* 28, no.4（2013）: 219–229.

尾 注

第 5 章 　血 　毒

1. J.N.George, "Platelets",Platelets on the Web, April 6, 2005, www.ouhsc.edu/platelets/ platelets/platelets%20intro.html.

2. Cleyson V. Reis et al.,"Lopap, a prothrombin activator from Lonomia obliqua belonging to the lipocalin family: Recombinant production, biochemical characterization and structure-function insights", *Biochemistry Journal* 398（2006）: 295–302.

3. Miryam Paola AlvarezFlores et al., "Losac, the frst hemolin that exhibits procoagulant activity through selective factor X proteolytic activation", *Journal of Biological Chemistry* 286（2011）: 6918–6928.

4. Michel Salzet, "Anticoagulants and inhibitors of platelet aggregation derived from leeches", *FEBS Letters* 492, no.3（2001）: 187–192.

5. Tracey Franchi, "Fear of Komodo dragon bacteria wrapped in myth", UQ News, University of Queensland, June 25, 2013, www.uq.edu.au/news/article/2013/06/fear-of-komodo-dragon-bacteria-wrapped-myth.

6. Bryan G. Fry et al., "Early evolution of the venom system in lizards and snakes", Nature 439（2006）: 584–588.

7. Bryan G. Fry et al., "A central role for venom in predation by *Varanus komodoensis* （Komodo Dragon）and the extinct giant *Varanus*（*Megalania*）*priscus*", *PNAS* 106, no.22（2009）:8969–8974.

8. Kurt Schwenk, quoted in Carl Zimmer, "Chemicals in Dragon's Glands Stir Venom Debate", *The New York Times*, May 19, 2009, www.nytimes.com/2009/05/19/ science/19komo.html.

9. Ellie J. C. Goldstein et al., "Anaerobic and aerobic bacteriology of the saliva and gingiva from 16 captive Komodo dragons（Varanus komodoensis）: New implications for the 'bacteria as venom' model", *Journal of Zoo and Wildlife Medicine* 44, no.2（2013）: 262–272.

10. 作者接着解释了早期研究的错误之处：在之前的研究中声称具有"潜在致病性"的 54 种细菌中，有 33 种实际上是常见的微生物，而且"不太可能导致伤口迅速出现致命感染"。目前发现的这些物种中，没有一种的毒性足以导致如此迅速的死亡。布赖恩和他的团队没有发现之前的团队在原始论文中提出的可能导致败血症的物种（作者指出，只在之前研究的 5% 的巨蜥中发现了这个物种）。作者还指出，早期的研究人员有一大劣势，因为他们必须" 在没有分子生物学方法优势的情况下 " 识别细菌。

11. Bryan G. Fry, Facebook comment, June 26, 2013.

12. Fry et al., "A central role for venom in predation".

13. Richard Edwards, "Stranded divers had to fight off Komodo dragons to survive", *The Telegraph*, June 8, 2008, www.telegraph.co.uk/news/worldnews/asia/indonesia/2095835/Stranded-divers-had-to-fight-off-Komodo-dragons-to-survive.html.

14. Rafael Otero-Patiño, "Epidemiological, clinical and therapeutic aspects of *Bothrops asper* bites", *Toxicon* 54, no.7（2009）: 998–1011.

15. Alexandra Rucavado et al., "Characterization of aspercetin, a platelet aggregating component from the venom of the snake *Bothrops asper* which induces thrombocytopenia and potentiates metalloproteinase-induced hemorrhage", *Thrombosis and Haemostasis* 85（2001）: 710–715.

16. Gadi Borkow, José María Gutiérrez, and Michael Ovadia, "Isolation and characterization of synergistic hemorrhagins from the venom of the snake *Bothrops asper*", *Toxicon* 31, no.9（1993）: 1137–1150.

17. P.E.Bougis, P.Marchot, and H.Rochat, "*In vivo* synergy of cardiotoxin and phospholipase A_2 from the elapid snake *Naja mossambica mossambica*", *Toxicon* 25, no.4（1987）: 427–431.

18. Miriam Kolko et al., "Synergy by secretory phospholipase A_2 and glutamate on inducing cell death and sustained arachidonic acid metabolic changes in primary cortical neuronal cultures", *Journal of Biological Chemistry* 271（1996）: 32722–32728; C.-L. Ho and L.-L. Hwang, "Structure and biological activities of a new mastoparan isolated from the venom of the hornet *Vespa basalis*", *Biochemical Journal* 274, part 2（1991）: 453–456.

第 6 章　为了更好地吃你

1. Benjamin Franklin, quoted in *America's Founding Fathers: Their Uncommon Wisdom and Wit*, ed. Bill Adler（Lanham, MD: Taylor Trade Publishing, 2003）, 4–8.

2. José María Gutiérrez et al., "Experimental pathology of local tissue damage induced by *Bothrops asper* snake venom", *Toxicon* 54, no.7（2009）: 958–975.

3. José María Gutiérrez and Alexandra Rucavado, "Snake venom metalloproteinases: Their role in the pathogenesis of local tissue damage", *Biochimie* 82, no.9（2000）: 841–850.

4. Catarina Teixeira et al., "Inflammation induced by *Bothrops asper* venom", *Toxicon* 54, no.1（2009）: 988–997.

5. Gavin David Laing et al., "Inflammatory pathogenesis of snake venom metalloproteinase induced skin necrosis", *European Journal of Immunology* 33, no.12（2003）: 3458–3463.

6. Hui-Fen Chiu, Ing-Jun Chen, and CheMing Teng, "Edema formation and degranulation of mast cells by a basic phospholipase A_2 purified from *Trimeresurus mucrosquamatus* snake venom", *Toxicon* 27, no.1（1989）: 115–125.

7. Uğur Koçer et al., "Skin and soft tissue necrosis following hymenoptera sting", *Journal of Cutaneous Medicine and Surgery: Incorporating Medical and Surgical Dermatology* 7, no.2（2003）: 133–135.

8. Peter Barss, "Wound necrosis caused by the venom of stingrays. Pathological findings and surgical management", *Medical Journal of Australia* 141, nos.12–13（1984）: 854–855.

9. M.H.Appel et al., "Insights into brown spider and loxoscelism", *Invertebrate Survival Journal* 2（2005）: 152–158.

10. David L.Swanson and Richard S.Vetter, "Loxoscelism", *Clinics in Dermatology* 24, no.3（2006）: 213–221.

11. Patrícia Guilherme, Irene Fernandes, and Katia Cristina Barbaro, "Neutralization of dermonecrotic and lethal activities and differences among 32–35 kDa toxins of medically important *Loxosceles* spider venoms in Brazil revealed by monoclonal antibodies", *Toxicon* 39, no.9（2001）: 1333–1342.

12. Greta J. Binford and Michael A.Wells, "The phylogenetic distribution of sphingomyelinase D activity in venoms of Haplogyne spiders", *Comparative Biochemistry and Physiology Part B: Biochemistry and Molecular Biology* 135, no.1（2003）: 25–33.

13. G.J.Binford, Matthew H.J.Cordes, and M.A.Wells, "Sphingomyelinase D from venoms of *Loxosceles* spiders: Evolutionary insights from cDNA sequences and gene structure", *Toxicon* 45, no.5（2005）: 547–560.

14. Richard S. Vetter, "Spiders of the genus *Loxosceles* (Araneae, Sicariidae: A review of biological, medical and psychological aspects regarding envenomations", *The Journal of Arachnology* 36 (2008) : 150–163.

15. Swanson and Vetter, 215.

16. Kátia C. de Oliveira et al., "Variations in *Loxosceles* spider venom composition and toxicity contribute to the severity of envenomation," *Toxicon* 45, no.4 (2005) : 421–429.

17. Richard S. Vetter and Diane K. Barger, "An infestation of 2,055 brown recluse spiders (Araneae: Sicariidae) and no envenomations in a Kansas home: Implications for bite diagnoses in nonendemic areas", *Journal of Medical Entomology* 39, no.6 (2002) : 948–951.

18. Jeffrey Ross Suchard, "'Spider bite' lesions are usually diagnosed as skin and soft-tissue infections", *Journal of Emergency Medicine* 41, no.5 (2011) : 473–481.

19. Tamara J. Dominguez, "It's not a spider bite, it's community-acquired methicillin-resistant *Staphylococcus aureus*", Journal of the American Board of Family Medicine 17, no.3 (2004) :220–226.

20. Walter Isaacson, *Benjamin Franklin: An American Life* (New York: Simon & Schuster, 2003) , 305.

21. Victor Kunin et al., "Myriads of protein families, and still counting", *Genome Biology* 4, no.2 (2003) :401.

22. Bryan G. Fry et al., "The toxicogenomic multiverse: Convergent recruitment of proteins into animal venoms", *Annual Review of Genomics and Human Genetics* 10 (2009) : 483–511.

第 7 章　别　动

1. Quoted in Peter K. Knoefel and Madeline C. Covi, *Hellenistic Treatise on Poisonous Animals* (*The Theriaca of Nicander of Colophon: A Contribution to the History of Toxicology*) (Lewiston, NY: Edwin Mellen Press, 1991) , 99.

2. Elena Cavazzoni et al., "Blue-ringed octopus (*Hapalochlaena* sp.) envenomation of a 4-year-old boy: A case report", *Clinical Toxicology* 46, no.8 (2008) : 760–761.

3. "Boy bitten by octopus", *Gold Coast Bulletin*, October 9, 2006.

4. H. Mabbet, "Death of a Skin Diver", *Skin Diving and Spearfishing Digest*, December 1954, 13, 17.

5. Bruce W. Halstead, *Poisonous and Venomous Marine Animals of the World*, vol.I: *Invertebrates*（Washington, D.C.: U.S.Government Printing Office, 1965）, 742–743.

6. Shirley E. Freeman and R.J.Turner, "Maculotoxin, a potent toxin secreted by *Octopus maculosus* Hoyle", *Toxicology and Applied Pharmacology* 16, no.3（1970）: 681–690.

7. D.D.Sheumack et al., "Maculotoxin: A neurotoxin from the venom glands of the octopus *Hapalochlaena maculosa* identified as tetrodotoxin", *Science* 199（1978）: 188–189.

8. Toshio Narahashi, "Tetrodotoxin: A brief history", *Proceedings of the Japan Academy, Series B, Physical and Biological Sciences* 84, no.5（2008）: 147–154.

9. Dale Purves et al., "Mechanoreceptors Specialized to Receive Tactile Information", in *Neuroscience*, 2nd ed., D.Purves et al., eds.（Sunderland, MA: Sinauer Associates, 2001）.

10. Ellen A. Lumpkin, Kara L. Marshall, and Aislyn M. Nelson, "The cell biology of touch", *The Journal of Cell Biology* 191, no.2（2010）: 237–248.

11. Chong Hyun Lee and Peter C.Ruben, "Interaction between voltage-gated sodium channels and the neurotoxin, tetrodotoxin", *Channels* 2, no.6（2008）: 407–412; Narahashi, 152–153.

12. Toshio Saito et al., "Tetrodotoxin as a biological defense agent for puffers", *Nippon Suisan Gakkaishi* 51, no.7（1985）: 1175–1180; Tamao Noguchi and Osamu Arakawa, "Tetrodotoxin—distribution and accumulation in aquatic organisms, and cases of human intoxication", Marine Drugs 6, no.2（2008）: 220–242.

13. Baldomero Olivera, interview, Bishop Museum, Honolulu, Hawaii, June 5, 2015.

14. Russell W.Teichert et al., "The molecular diversity of conoidean venom peptides and their targets: From basic research to therapeutic applications", in *Venoms to Drugs: Venom as a Source for the Development of Human Therapeutics*, ed. Glenn F. King, RSC Drug Discovery Series 42（London: Royal Society of Chemistry, 2015）, 163–203.

15. Helena Safavi-Hemami et al., "Specialized insulin is used for chemical warfare by fish-hunting cone snails", *PNAS* 112, no.6（2015）: 1743–1748.

16. Sébastien Dutertre et al., "Evolution of separate predation- and defence-evoked venoms in carnivorous cone snails", *Nature Communications* 5（2014）: 3521.

17. Thomas F. Duda Jr. and Alan J. Kohn, "Species-level phylogeography and evolutionary history of the hyperdiverse marine gastropod genus *Conus*", *Molecular Phylogenetics and Evolution* 34, no.2（2005）: 257–272.

18. Teichert et al., 164; Baldomero M.Olivera et al., "Biodiversity of cone snails and other venomous marine gastropods: Evolutionary success through neuropharmacology", *Annual Review of Animal Biosciences* 2, no.1（2014）: 487–513.

19. Vincent Lavergne et al., "Optimized deep-targeted proteotranscriptomic profiling reveals unexplored *Conus* toxin diversity and novel cysteine frameworks", *PNAS* 112, no.29（2015）: E3782–3791.

20. Dan Chang and Thomas F.Duda Jr., "Extensive and continuous duplication facilitates rapid evolution and diversification of gene families", *Molecular Biology and Evolution* 28, no.8（2012）: 2019–2029.

21. 目前还不清楚它究竟何时被如此定义的，但自 20 世纪 20 年代到 30 年代以来，人口遗传学家已经将演化定义为"人口中等位基因频率的变化"。见 Marion Blute, "Is it time for an updated 'eco-evo-devo' definition of evolution by natural selection?" *Spontaneous Generations: A Journal for the History and Philosophy of Science* 2, no.1（2008）: 1–5.

22. Karen D. Crow and Günter P.Wagner, "What is the role of genome duplication in the evolution of complexity and diversity?" *Molecular Biology and Evolution* 23, no.5（2006）: 887–892.

23. Dan Chang and Thomas F.Duda Jr., 2023.

24. Thomas F.Duda Jr. and Stephen R.Palumbi, "Molecular genetics of ecological diversification: Duplication and rapid evolution of toxin genes of the venomous gastropod *Conus*", *PNAS* 96, no.12（1999）: 6820–6823.

25. Chang and Duda, 2012.

26. Ai-Hua Jin et al., " δ -Conotoxin SuVIA suggests an evolutionary link between ancestral predator defence and the origin of fish-hunting behaviour in carnivorous cone snails", *Proceedings of the Royal Society B: Biological Sciences* 282（2015）: 20150817.

27. Thomas C.Südhof," α -Latrotoxin and its receptors: Neurexins and CIRL/ latrophilins", *Annual Review of Neuroscience* 24（2001）: 933–962.

28. John Ashurst, Joe Sexton, and Matt Cook, "Approach and management of spider bites for the primary care physician", *Osteopathic Family Physician* 3, no.4（2011）: 149–153.

29. M.Ismail, M.A.Abd-Elsalam, and M.S.Al-Ahaidib, *"Androctonus crassicauda*（Olivier）, a dangerous and unduly neglected scorpion—I. Pharmacological and clinical studies", *Toxicon* 32, no.12（1994）: 1599–1618.

30. Neil A.Castle and Peter N.Strong, "Identification of two toxins from scorpion（*Leiurus quinquestriatus*）venom which block distinct classes of calcium-activated potassium channel", *FEBS Letters* 209, no.1（1986）: 117–121; Maria L.Garcia et al., "Purification and characterization of three inhibitors of voltage-dependent K+channels from *Leiurus quinquestriatus var. hebraeus* venom", *Biochemistry* 33, no.22（1994）: 6834–6839.

31. M.Ismail, "The scorpion envenoming syndrome", *Toxicon* 33, no.7（1995）: 825–858.

32. C.Y.Lee, "Elapid neurotoxins and their mode of action", *Clinical Toxicology* 3, no.3（1970）: 457–472.

33. Carmel M.Barber, Geoffrey K.Isbister, and Wayne C.Hodgson, "Alpha neurotoxins", *Toxicon* 66（2013）: 47–58.

第 8 章　玩弄意识

1. Benjamin Alire Sáenz, *Last Night I Sang to the Monster*（El Paso, TX: Cinco Puntos Press, 2009）, 26. 这段引用是吸食可卡因后的反应，但有些人认为该描述与蛇毒快感非常相似。

2. Ram Gal et al., "Sensory arsenal on the stinger of the parasitoid jewel wasp and its possible role in identifying cockroach brains", *PLoS ONE* 9, no.2（2014）: e89683; Frederic Libersat and Ram Gal, "Wasp voodoo rituals, venom-cocktails, and the zombification of cockroach hosts", *Integrative and Comparative Biology* 54, no.2（2014）: 129–142.

3. Libersat and Gal, "Wasp voodoo rituals", 132.

4. Libersat and Gal, "Wasp voodoo rituals", 133–134.

5. A.Weisel-Eichler, G.Haspel, and F.Libersat, "Venom of a parasitoid wasp induces prolonged grooming in the cockroach", *Journal of Experimental Biology* 202, part 8 （1999）: 957–964.

6. Wolfram Schultz, "Dopamine signals for reward value and risk: Basic and recent data", *Behavioral and Brain Functions* 6 （2010）: 24.

7. Pradeep G. Bhide, "Dopamine, cocaine and the development of cerebral cortical cytoarchitecture: A review of current concepts", *Seminars in Cell and Developmental Biology* 20, no.4 （2009）: 395–402.

8. Ram Gal and Frederic Libersat, "On predatory wasps and zombie cockroaches: Investigations of free will and spontaneous behavior in insects", *Communicative and Integrative Biology* 3, no.5 （2010）: 458–461.

9. Ram Gal and Frederic Libersat, "A parasitoid wasp manipulates the drive for walking of its cockroach prey", *Current Biology* 18, no.12 （2008）: 877–882.

10. 同上。

11. Ram Gal and Frederic Libersat, "A wasp manipulates neuronal activity in the sub-esophageal ganglion to decrease the drive for walking in its cockroach prey", *PLoS ONE* 5, no.4 （2010）: e10019.

12. Eugene L. Moore et al., "Parasitoid wasp sting: A cocktail of GABA, taurine, and β -alanine opens chloride channels for central synaptic block and transient paralysis of a cockroach host", *Journal of Neurobiology* 66, no.8 （2006）: 811–820.

13. Gal Haspel et al., "Parasitoid wasp affects metabolism of cockroach host to favor food preservation for its offspring", *Journal of Comparative Physiology A* 191, no.6 （2005）: 529–534.

14. Michael Ohl et al., "The soul-sucking wasp by popular acclaim—museum visitor participation in biodiversity discovery and taxonomy", *PLoS ONE* 9, no.4 （2014）: e95068.

15. Ian D. Gauld, "Evolutionary patterns of host utilization by ichneumonoid parasitoids （Hymenoptera: Ichneumonidae and Braconidae）", *Biological Journal of the Linnean Society* 35, no.4 （1988）: 351–377; Jeremy A. Miller et al., "Spider hosts（Arachnida, Araneae）and wasp parasitoids（Insecta, Hymenoptera, Ichneumonidae, Ephialtini）matched using DNA barcodes", *Biodiversity Data Journal* 1 （2013）: e992.

16. J.M.Elliott, "The responses of the aquatic parasitoid *Agriotypus armatus* (Hymenoptera: Agriotypidae) to the spatial distribution and density of its caddis host *Silo pallipes* (Trichoptera: Goeridae) ", *Journal of Animal Ecology* 52, no.1 (1983) : 315–330.

17. H.Charles J.Godfray, *Parasitoids: Behavioral and Evolutionary Ecology* (Princeton, NJ: Princeton University Press, 1994) , 290.

18. Jeffrey A.Harvey, Leontien M.A.Witjes, and Roel Wagenaar, "Development of hyperparasitoid wasp *Lysibia nana* (Hymenoptera: Ichneumonidae) in a multitrophic framework", *Environmental Entomology* 33, no.5 (2004) : 1488–1496.

19. Amir H.Grosman et al., "Parasitoid increases survival of its pupae by inducing hosts to fight predators", *PLoS ONE* 3, no.6 (2008) : e2276.

20. William G. Eberhard, "Spider manipulation by a wasp larva", *Nature* 406 (2000) : 255–256.

21. "V-Day drug: Youngsters get high on cobra venom", IBN Live, Feb 16, 2012, www.ibnlive.com/news/india/v-day-drug-youngsters-get-high-on-cobra-venom-447292.html.

22. "Youth held with 'cobra venom'worth Rs 2 crore", *The Times of India*, February 6, 2014, http://timesofindia.indiatimes.com/city/lucknow/Youth-held-with-cobra-venom-worth-Rs-2-crore/articleshow/29921434.cms.

23. "'Cobra venom': Six accused in Forest custody, officials say they are only couriers", *The Peninsula*, June 30, 2014,http://thepeninsulaqatar .com /news /india /346809/ cobra -venom -six-accused-in-forest-custody-officials-say-they-are-only-couriers.

24. Vijay Kautilya and Pravir Bhodka, "Snake venom—The new rage to get high!" *Journal of the Indian Society of Toxicology* 8, no.1 (2012) : 46–48.

25. "Drug Addicts Getting High with Snake Bites", Gulte.com, April 14, 2015, www.gulte.com/news/37793/Drug-Addicts-Getting-High-with-Snake-Bites.

26. Rs.100 crore = 100 × Rs.10,000,000 = Rs.1,000,000,000, converts to $15,628,310.00 USD (according to Google conversion rate, 2015) ; Rs.100 crore from "'Cobra venom': Six accused", *The Peninsula*.

27. Chandra S.Singh et al., "Species Identification from Dried Snake Venom", *Journal of Forensic Sciences* 57, no.3 (2012) : 826–828.

28. Subramanian Senthilkumaran et al., "Repeated snake bite for recreation: Mechanisms and implications", *International Journal of Critical Illness and Injury Science* 3, no.3 （2013）: 214–216.

29. Mohammad Zia Ul Haq Katshu et al., "Snake bite as a novel form of substance abuse: Personality profiles and cultural perspectives", *Substance Abuse* 32, no.1 （2011）: 43–46.

30. Katshu et al., 44.

31. P.V.Pradhan et al., "Snake venom habituation in heroin（brown sugar）addiction: （Report of two cases）",*Journal of Postgraduate Medicine* 36, no.4 （1990）: 233–234.

32. Pradhan et al., 233–234.

33. "Teenager addicted to snake venom arrested in Kerala", *The Hindu*, August 18, 2014, www.thehindu.com/news/national/kerala/teenager-addicted-to-snake-venom-arrested-in-kerala/article6328195.ece.

34. Senthilkumaran et al., 214–215.

35. Pradhan et al.; T.K.Aich et al., "A comparative study on 136 opioid abusers in India and Nepal", *Journal of Psychiatrists' Association of Nepal* 2, no.2 （2013）: 11–17.

36. Utpal Jana and P.K.Maiti, "Dysphagia—an uncommon presentation of unnoticed snakebite",*Journal of the Indian Medical Association* 110, no.9 （2012）: 659–660.

37. e.g., "Bitten by a Deadly Cobra",*Animal Planet*, www.animalplanet.com/tv-shows/fatal-attractions/videos/bitten-by-deadly-cobra/.

38. Bryan Grieg Fry, *Venom Doc: The Edgiest, Darkest and Strangest Natural History Memoir Ever*（Sydney: Hachette Australia, 2015）, 46–47.

39. Ludwin, "IAmA guy who's been injecting deadly snake venom".

40. Phone interview, Anson Castelvecchi, August 3, 2015.

41. Lucan, *The Civil War*, trans. James Duff, Book IX （London: William Heinemann, 1928）.

42. Brian Hanley, e-mail interview, August 3, 2015, http://bf-sci.com/?page_id=44.

43. Hanley, e-mail interview.

44. John Virata, "Kentucky Reptile Zoo Director Survives 9th Venomous Snake Bite in 38 Years", *Reptiles Magazine*, February 4, 2015, www.reptilesmagazine.com/Snakes/

Information-News/Kentucky-Reptile-Zoo-Director-Survives-9th-Venomous-Snake-Bite-in-38-Years/.

45. Jim Harrison, phone interview, August 5, 2015.

46. David I.Macht, "Experimental and clinical study of cobra venom as an analgesic", *PNAS* 22, no.1（1936）:61–71.

47. D.De Klobusitzky, "Animal venoms in therapy", in *Venomous Animals and their Venoms*, vol.3: *Venomous Invertebrates*, eds. Bücherl and Buckley（New York: Academic Press, 1971）,443–478; Ludovic Bailly-Chouriberry et al., "Identification of α -cobratoxin in equine plasma by LC-MS/MS for doping control", *Analytical Chemistry* 85, no.10（2013）: 5219–5225.

48. Benjamí Oller-Salvia, Meritxell Teixidó, and Ernest Giralt, "From venoms to BBB shuttles: Synthesis and blood–brain barrier transport assessment of apamin and a nontoxic analog", *Peptide Science* 100, no.6（2013）: 675–686.

49. O.Deschaux and J-C.Bizot, "Apamin produces selective improvements of learning in rats", *Neuroscience Letters* 386, no.1(2005): 5–8; F.J.Van der Staay et al., "Behavioral effects of apamin, a selective inhibitor of the SKca-channel, in mice and rats", Neuroscience and Biobehavioral Reviews 23, no.8（1999）: 1087–1110.

50. Carl R.Lupica and Arthur C.Riegel,"Endocannabinoid release from midbrain dopamine neurons: A potential substrate for cannabinoid receptor antagonist treatment of addiction", *Neuropharmacology* 48, no.8（2005）: 1105–1116.

51. Alexey Osipov and Yuri Utkin, "Effects of snake venom polypeptides on central nervous system", *Central Nervous System Agents in Medicinal Chemistry* 12, no.4（2012）: 315–328.

52. R.T.Gomes et al., "Comparison of the biodistribution of free or liposome-entrapped *Crotalus durissus terrificus*（South American rattlesnake）venom in mice", *Comparative Biochemistry and Physiology Part C: Toxicology and Pharmacology* 131, no.3（2002）: 295–301.

53. J.A.Alves da Silva, K.C.Oliveira, and M.A.P. Camillo, "Gyroxin increases blood-brain barrier permeability to Evans blue dye in mice", *Toxicon* 57, no.1（2011）: 162–167.

54. Adriana C.Mancin et al., "The analgesic activity of crotamine, a neurotoxin from *Crotalus durissus terrificus*（South American rattlesnake）venom: A biochemical and

pharmacological study", *Toxicon* 36, no.12（1998）: 1927–1937; Hui-Ling Zhang et al., "Opiate and acetylcholine-independent analgesic actions of crotoxin isolated from *Crotalus durissus terrificus* venom", *Toxicon* 48, no.2（2006）: 175–182.

55. For a review, see Osipov and Utkin.

56. Glenn F.King, "Venoms as a platform for human drugs: Translating toxins into therapeutics", *Expert Opinion on Biological Therapy* 11, no.11（2011）: 1469–1484.

57. Michael Pollan, *The Botany of Desire: A Plant's-Eye View of the World*（New York: Random House, 2001）.

第 9 章　杀戮天使

1. Felix Adler, *Life and Destiny: Or Thoughts from the Ethical Lectures of Felix Adler*（New York: McClure, Phillips and Company, 1903）, 113.

2. World Health Organization, "The top 10 causes of death", www.who.int/mediacentre/factsheets/fs310/en/index2.html.

3. Ole F.Norheim et al., "Avoiding 40% of the premature deaths in each country, 2010–2030: Review of national mortality trends to help quantify the UN Sustainable Development Goal for health", *The Lancet* 385（2015）: 239–252, table 2; World Health Organization, "Burden: mortality, morbidity and risk factors", chapter 1 in *Global Status Report on Noncommunicable Diseases* 2010（Geneva: WHO Press, 2011）, 10; *The Global Burden of Disease, 2004 Update*（Geneva: WHO Press, 2008）.

4. Andrew Pollack, "Lizard-Linked Therapy Has Roots in the Bronx", *The New York Times*, September 21, 2002, www.nytimes.com /2002/09/21/business/lizard-linked-therapy-has-roots-in-the-bronx.html.

5. "The Horrible Gila Monster", *The Daily Tribune*, January 2, 1898, 15, www.newspapers.com/image/11120062/.

6. "The Gila Monster and Its Deadly Bite", *The Milwaukee Journal*, November 1, 1898, 11.

7. "Terrors of the Gila Monster", *The San Francisco Call*, October 9, 1898, 23.

8. Geeta Datta and Anthony T.Tu, "Structure and other chemical characterizations of gila toxin, a lethal toxin from lizard venom", *The Journal of Peptide Research* 50, no.6（1997）: 443–450.

9. David Mendosa, *Losing Weight with Your Diabetes Medication: How Byetta and Other Drugs Can Help You Lose More Weight than You Ever Thought Possible*（Boston: Da Capo Press, 2008）, chapters 5 and 6.

10. Alex Berenson, "A Ray of Hope for Diabetics", *The New York Times*, March 2, 2006, www.nytimes.com/2006/03/02/business/02drug.html?_r=0.

11. FiercePharma, "Top 15 Drug Launch Superstars", October 2, 2013, www.fiercepharma.com/special-reports/top-15-drug-launch-superstars.

12. "AstraZeneca completes the acquisition of Bristol-Myers Squibb share of global diabetes alliance", AstraZeneca press release, February 3, 2014, www.astrazeneca.com/our-company/media-centre/press-releases/2014/astrazeneca-aquisition-bristol-myers-squibb-global-diabetes-alliance-03022014.html.

13. "Exendin-4: From lizard to laboratory...and beyond." NIH National Institute on Aging Newsroom, July 11, 2012, www.nia.nih.gov/newsroom/features/exendin-4-lizard-laboratory-and-beyond.

14. "Exendin-4 in Alzheimer's Disease", www.nia.nih.gov/alzheimers/clinical-trials/exendin-4-alzheimers-disease.

15. Martin Prince et al., *World Alzheimer Report 2015: The Global Economic Impact of Dementia*（London: Alzheimer's Disease International, 2015）, www.alz.co.uk/research/world-report-2015.

16. Glenn King, interview, University of Queensland, Brisbane, Australia, November 28, 2014.

17. Glenn F. King, ed., Venoms to Drugs: *Venom as a Source for the Development of Human Therapeutics*（London: Royal Society of Chemistry, 2015）.

18. Markus Hellner et al., "Apitherapy: Usage and experience in German beekeepers", *Evidence-Based Complementary and Alternative Medicine* 5, no.4（2008）: 475–479.

19. Martin Grassberger et al., *Biotherapy—History, Principles and Practice: A Practical Guide to the Diagnosis and Treatment of Disease Using Living Organisms*（Dordrecht: Springer Netherlands, 2013）, 78–80, http://link.springer.com/book/10.1007/978-94-007-6585-6.

20. A.Gomes, "Snake Venom—An Anti Arthritis Natural Product", *Al Ameen Journal of Medical Sciences* 3, no.3（2010）: 176.

21. Adrienne Mayor, "The Uses of Snake Venom in Antiquity", *Wonders and Marvels*, November 2011, www.wondersandmarvels.com/2011/11/the-uses-of-snake-venom-in-antiquity.html.

22. John Henry Clarke, *A Dictionary of Practical Materia Medica*（London: The Homeopathic Publishing Company,1902）.

23. Robert N. Rutherford, "The use of cobra venom in the relief of intractable pain", *New England Journal of Medicine* 221, no.11（1939）: 408–413.

24. Ahmad G.Hegazi et al., "Novel therapeutic modality employing apitherapy for controlling of multiple sclerosis", *Journal of Clinical and Cellular Immunology* 6, no.1（2015）: 299.

25. Antony Gomes et al., "Anti-arthritic activity of Indian monocellate cobra（*Naja kaouthia*）venom on adjuvant induced arthritis", *Toxicon* 55, no.2（2010）: 670–673.

26. Ellie Lobel, phone interviews, July 16, 2014, and January 23, 2015. Details also appeared in Christie Wilcox, "How a Bee Sting Saved My Life", *Mosaic*, March 24, 2015, http://mosaicscience.com/story/how-bee-sting-saved-my-life-poison-medicine.

27. Jean F.Fennell, William H. Shipman, and Leonard J.Cole, "Antibacterial action of a bee venom fraction（melittin）against a penicillin-resistant staphylococcus and other microorganisms", Research and Development Technical Report USNRDL-TR-67-101（San Francisco: Naval Radiological Defense Lab, 1967）.

28. Lori L.Lubke and Claude F.Garon, "The antimicrobial agent melittin exhibits powerful in vitro inhibitory effects on the Lyme disease spirochete", *Clinical Infectious Diseases* 25, Supplement 1（1997）: S48–S51.

29. Juliana Silva et al., "Pharmacological alternatives for the treatment of neurodegenerative disorders: Wasp and bee venoms and their components as new neuroactive tools", *Toxins* 7, no.8（2015）: 3179–3209.

30. Kenneth Winkel, interview, University of Melbourne, Melbourne, Australia, November 23, 2014.

31. "Kineta's ShK-186 shows encouraging early results as potential therapy for autoimmune eye diseases", press release, March 19, 2015, www.kinetabio.com/press_releases/Press Release20150319.pdf.

32. Charlotte Hsu, "Good Venom", 2012, www.buffalo.edu/home/feature_story/good-venom.html.

33. Shilong Yang et al., "Discovery of a selective Na$_v$1.7 inhibitor from centipede venom with analgesic efficacy exceeding morphine in rodent pain models", *PNAS* 110, no.43（2013）: 17534–17539.

34. Nada Oršolić, "Bee venom in cancer therapy", *Cancer and Metastasis Reviews* 31, no.1（2012）: 173–194.

35. Vagish Kumar Laxman Shanbhag, "Applications of snake venoms in treatment of cancer", *Asian Pacific Journal of Tropical Biomedicine* 5, no.4（2015）: 275–276; *Snails*: Shiva N. Kompella et al., "Alanine scan of α-conotoxin RegIIA reveals a selective α3β4 nicotinic acetylcholine receptor antagonist", *Journal of Biological Chemistry* 290, no.2（2015）: 1039–1048; *Scorpions*: "Scorpion venom has toxic effects against cancer cells", news release, Investigación y Desarrollo, *AlphaGalileo*, May 27, 2015, www.alphagalileo.org/ViewItem.aspx?ItemId=153094 & CultureCode=en.

36. Quentin Casey, "Taming of the shrew's venom", *Financial Post*, July 2, 2012, http://business.financialpost.com/entrepreneur/taming-of-the-shrews-venom.

37. Julie Fotheringham, "Targeting TRPV6 with Soricimed's novel SOR-C13 inhibits tumour growth in breast and ovarian cancer models", press release, *Market Watch*, May 6, 2015, www.marketwatch.com/story/targeting-trpv6-with-soricimeds-novel-sor-c13-inhibits-tumour-growth-in-breast-and-ovarian-cancer-models-2015-05-06.

38. Study of BLZ-100 in Pediatric Subjects with CNS Tumors, Blaze Bioscience, Inc., https://clinicaltrials.gov/ct2/show/NCT02462629.

39. David Fenardet et al., "A peptide derived from bee venom–secreted phospholipase A$_2$ inhibits replication of T-cell tropic HIV-1 strains via interaction with the CXCR4 chemokine receptor", *Molecular Pharmacology* 60, no.2（2001）:341–347.

40. World Health Organization, Global Health Observatory Data, "Number of deaths due to HIV/AIDS", www.who.int/gho/hiv/epidemic_status/deaths/en/.

41. Renaud Conde et al., "Scorpine, an anti-malaria and anti-bacterial agent purified from scorpion venom", *FEBS Letters* 471, no.2（2000）: 165–168; Helge Zieler et al., "A snake venom phospholipase A$_2$ blocks malaria parasite development in the mosquito midgut by inhibiting ookinete association with the midgut surface",

Journal of Experimental Biology 204, part 23（2001）: 4157–4167.

42. World Health Organization, "10 Facts on Malaria", updated November 2015, www. who.int/features/factfiles/malaria/en/.

43. Kenia P.Nunes et al., "Erectile function is improved in aged rats by PnTx2-6, a toxin from *Phoneutria nigriventer* spider venom", *Journal of Sexual Medicine* 9, no.10 （2012）: 2574–2581.

44. Greg Ward, "Bee stings could be new Botox", BBC News, December 21, 2012, www.bbc.com/news/business-20807198.

45. Antonio De La Jara, "Chile's Black Widow Spider May Yield Spermicide", Reuters, June 1, 2007, www.reuters.com/article/2007/06/01/us-chile-spider-idUSN0132580120070601.

46. Clark E.Adams et al., "Texas rattlesnake roundups: Implications of unregulated commercial use of wildlife", *Wildlife Society Bulletin* 22, no.2（1994）: 324–330.

47. K.Anna I.Nekaris et al., "Exploring cultural drivers for wildlife trade via an ethnoprimatological approach: A case study of slender and slow lorises（*Loris and Nycticebus*）in South and Southeast Asia", *American Journal of Primatology* 72, no.10 （2010）: 877–886.

48. Gerardo Ceballos et al., "Accelerated modern human–induced species losses: Entering the sixth mass extinction", *Science Advances* 1, no.5（2015）: e1400253.

致　谢

　　首先，我得谢谢我的编辑阿曼达·穆恩（Amanda Moon）。
在开始写作本书之前差不多七年的时间里，我一直是个自由
散漫的博客写作者，从来不知道一位好编辑竟能带来"超自然"
的力量。如果你觉得阅读本书的过程十分愉快，那是因为阿
曼达用她的魔法键盘把我的文字转换成了引人入胜的优美篇
章。她和斯科特·博彻特（Scott Borchert），以及"科学美国
人/法勒、施特劳斯、吉鲁出版公司"的每一位同人都很有
耐心，为我提供了很大的支持，我无法奢求比他们更好的出
版团队。我还必须感谢埃里克·纳尔逊（Eric Nelson），当初
是他第一个建议我写一本书。埃里克、休（Sue）和苏珊·拉
宾纳文学代理公司的所有同人都是很好的工作伙伴，哪怕面

对我这样的新手，他们也充满信心，对此我满怀感谢。

如果没有这么多人、这么多机构的帮忙，我根本不可能完成这本书。帮助过我的人这么多，在此我难免挂一漏万（请务必原谅我），但我会竭尽全力完善这份名单。毒素社群里都是些善良慷慨的人，其中很多人为我提供了极大的帮助。布赖恩·弗里、格伦·金、肯·温克尔、吉姆·哈里森和托托·奥利韦拉：和你们讨论有毒动物是一段非常愉快的经历，要是没有你们的洞见和智慧，本书根本不可能问世。埃莉·洛贝尔：谢谢你毫无保留地讲述了你的精彩故事。同样感谢那些接纳了我的"爬友"，包括史蒂夫·卢德温、安森·卡斯特维奇、蒂姆·弗里德（Tim Friede）和布赖恩·汉利。特别感谢那些帮助我近距离接触危险物种的人：奇普·科克伦、戴维·尼尔森、埃里克·格伦（Eric Gren）、洛马林达大学的比尔·海耶斯；雨林探险队的亚伦·波梅兰茨、杰夫·克莱默和弗兰克·皮查多；科莫多潜水中心的所有工作人员及我们的地陪阿克巴；还有龙柏考拉保护区的贝克及其他工作人员，感谢你们让我走近那些不可思议的动物，更要感谢你们让我毫发无损地安然离开！

当然，如果没有两位导师的引领，我根本不可能成为今天的科学家，写作本书更是无从谈起。布赖恩·鲍恩（Brian Bowen）：大部分博士生导师会说，写博客、经营社交媒体完全是浪费时间，我应该更专注于实验室工作，但你从未提出过任何异议，反而支持、鼓励我去追求这些业余爱好。谢谢你让我成为我，我相信这件事有时候并不那么容易。还有安吉尔·柳原：我无法想象，世界上还有比你更天才、更一丝不苟、更富有激情的科学家。在你麾下做博士后的那段时间里，我在科学方面的潜力得以彻底发挥，我对你的感激无以言表，感谢你的指导、友谊和支持。

最后，我必须感谢我的家人和朋友，是你们支持我撑过了写作本书的艰难历程，你们就是我的磐石。特别感谢两位朋友无微不至的关怀。吉拉·科伦德（Kira Krend），你简直像个教官，谢谢你时刻挥舞鞭子，不让我轻易放弃。当然，还有杰克·比勒，我的甜茶。我永远不会忘记那一天，经历了漫长曲折的寻龙之旅（超人！），我们坐在一艘完全不适合航海的船上，望着一群蝙蝠从小小的林卡岛上腾空而起。感谢你，你是我的旅伴，我的回声板。当我紧盯屏幕，完全沉浸在工作中，以至于需要闹钟才能记得吃饭睡觉的时候，你又成了我无微不至的保姆。要是没有你，我压根儿就活不到今天（真的！）。

图书在版编目（CIP）数据

有毒：从致命武器到救命解药，看地球致命毒物如
何成为生化大师 /（美）克丽丝蒂·威尔科克斯著；阳
曦译 . -- 北京：北京联合出版公司，2019.11（2024.11重印）
ISBN 978-7-5596-3687-4

Ⅰ . ①有… Ⅱ . ①克… ②阳… Ⅲ . ①有毒动物—普
及读物 Ⅳ . ① Q95-49

中国版本图书馆 CIP 数据核字（2019）第 210452 号

北京市版权局著作权合同登记 图字：01-2019-6157

VENOMOUS: How Earth's Deadliest Creatures Mastered Biochemistry by Christie Wilcox
Copyright © 2016 by Christie Wilcox
Published by arrangement with Scientific American/Farrar, Straus and Giroux, New York

Simplified Chinese edition copyright © 2019 by Beijing United Publishing Co., Ltd.
All rights reserved.
本作品中文简体字版权由北京联合出版有限责任公司所有

有毒：从致命武器到救命解药，看地球致命毒物如何成为生化大师

作　　者：[美] 克丽丝蒂·威尔科克斯（Christie Wilcox）
译　　者：阳　曦
出 品 人：赵红仕
出版监制：刘　凯　马春华
选题策划：联合低音
责任编辑：闻　静
封面设计：何　睦
内文排版：刘永坤

关注联合低音

北京联合出版公司出版
（北京市西城区德外大街83号楼9层　100088）
北京联合天畅文化传播公司发行
北京美图印务有限公司印刷　新华书店经销
字数171千字　710毫米×1000毫米　1/32　9印张
2019年11月第1版　2024年11月第11次印刷
ISBN 978-7-5596-3687-4
定价：60.00元